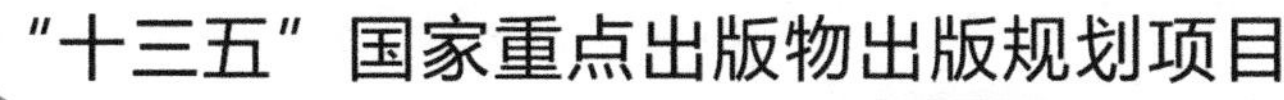

SAFETY SCIENCE AND ENGINEERING

安全经济学

SAFETY ECONOMICS

◎主　编　梅　强
◎副主编　刘素霞　王　艳
◎参　编　李　雯　杨宗康　仲晶晶

安全经济学将经济学的基本理论与方法应用在安全工程技术活动中，它是一门安全科学与工程及经济学相交叉的综合性学科。本书从安全经济学的发展、基本概念与理论出发，对企业安全经济管理、宏观安全经济分析的相关方法及技术等进行了综合性阐述，既包括企业安全投资、事故损失估算、安全成本核算、安全经济效益分析等企业内部安全经济管理的内容，又包括宏观安全经济统计、安全生产管制的经济学分析等宏观安全经济分析的内容，并加入了编者对生命的经济价值评估、安全生产管制研究的相关成果等内容。

本书主要作为高等院校安全工程及相关专业本科生及研究生教材，还可作为企业安全管理人员、政府部门安全生产监管人员、服务机构安全管理咨询人员等专业人士的业务参考书，也可供安全管理理论与实践的研究者阅读参考。

图书在版编目（CIP）数据

安全经济学/梅强主编．—北京：机械工业出版社，2019.4
（2024.6 重印）
“十三五”国家重点出版物出版规划项目
ISBN 978-7-111-62256-7

Ⅰ．①安… Ⅱ．①梅… Ⅲ．①安全经济学 Ⅳ．①X915.4

中国版本图书馆 CIP 数据核字（2019）第 048601 号

机械工业出版社（北京市百万庄大街 22 号　邮政编码 100037）
策划编辑：冷　彬　责任编辑：冷　彬　刘　静
责任校对：樊钟英　封面设计：张　静
责任印制：刘　媛
涿州市般润文化传播有限公司印刷
2024 年 6 月第 1 版第 3 次印刷
184mm×260mm · 11.75 印张 · 287 千字
标准书号：ISBN 978-7-111-62256-7
定价：39.80 元

电话服务　　网络服务
客服电话：010-88361066　机 工 官 网：www.cmpbook.com
010-88379833　机 工 官 博：weibo.com/cmp1952
010-68326294　金 书 网：www.golden-book.com
封底无防伪标均为盗版　机工教育服务网：www.cmpedu.com

前　言

安全生产是社会生产力发展水平的综合反映，是经济发展、社会进步的基础、前提和保障，是构建和谐社会、加强和完善社会管理、改善民生的重要内容。安全生产不仅关系到生产的顺利进行、财产的安全，更关系到劳动者的生命安全与健康，是生产过程中首先要解决和保障的问题。

企业安全生产与经济效益之间相互依存、相互渗透、相互制约，有其自身的经济特性。要真正认识安全生产对企业效益的影响，认清安全事故的形成机理，强化企业安全生产，就需要对安全生产进行经济分析，进而掌握安全投资、事故损失、安全效益、安全经济管理、安全经济统计、安全管制等的基本规律、分析技术和方法，而这正是安全经济学研究的内容。

安全经济学作为经济学基本理论与方法在安全工程技术活动中的应用，是一门经济学和安全科学与工程相交叉的综合性学科。虽然不少学者围绕安全经济学的属性、研究内容、基本理论和方法进行了一系列的研究工作，但在世界范围内，安全经济学的发展仍处于初创阶段，仍有许多现实安全生产问题需要从经济学的角度进行理论解读，现有的学科体系还有很大的完善空间。

本书作者一直从事与安全生产管理相关的研究工作，擅长从管理、经济的视角分析与企业安全生产相关的问题。本书的框架是在继承部分优秀学者的学术思想与研究成果的基础上，结合作者近年来的实践与研究工作，尤其是承担完成的国家自然科学基金项目——基于生命价值理论的中小企业安全生产管制研究的研究成果，按照安全经济学的研究范畴和研究内容之间的逻辑关系确定的，并特别加入了生命的经济价值评估、安全生产管制的经济分析等内容。

本书由梅强担任主编，具体的编写分工如下：第1、8章由梅强编写，第2、3章由刘素霞编写，第4、10章由王艳编写，第7、11章由李雯编写，第5、6章由杨宗康编写，第 9 章由仲晶晶编写，全书由梅强和刘素霞统稿。

本书的编写和出版工作得到了教育部高等学校安全工程学科教学指导委员会委员（1996～2004 年）、资深安全生产专家、知名学者王新泉教授的大力支持和热情帮助，在此表示衷心的感谢！感谢课题组研究生协助校对和进行图文处理等工作！本书在编写过程中参考的一些教材、专著、论文等研究成果，已经列在文末的参考文献中，特向各位作者表示感谢。但由于参考的文献数量比较多，在此也向遗漏的文献作者表示歉意！

由于安全经济学是一门正在发展还未成熟的新兴学科，加之编者的水平有限，书中疏漏之处还请读者批评指正。

作　者

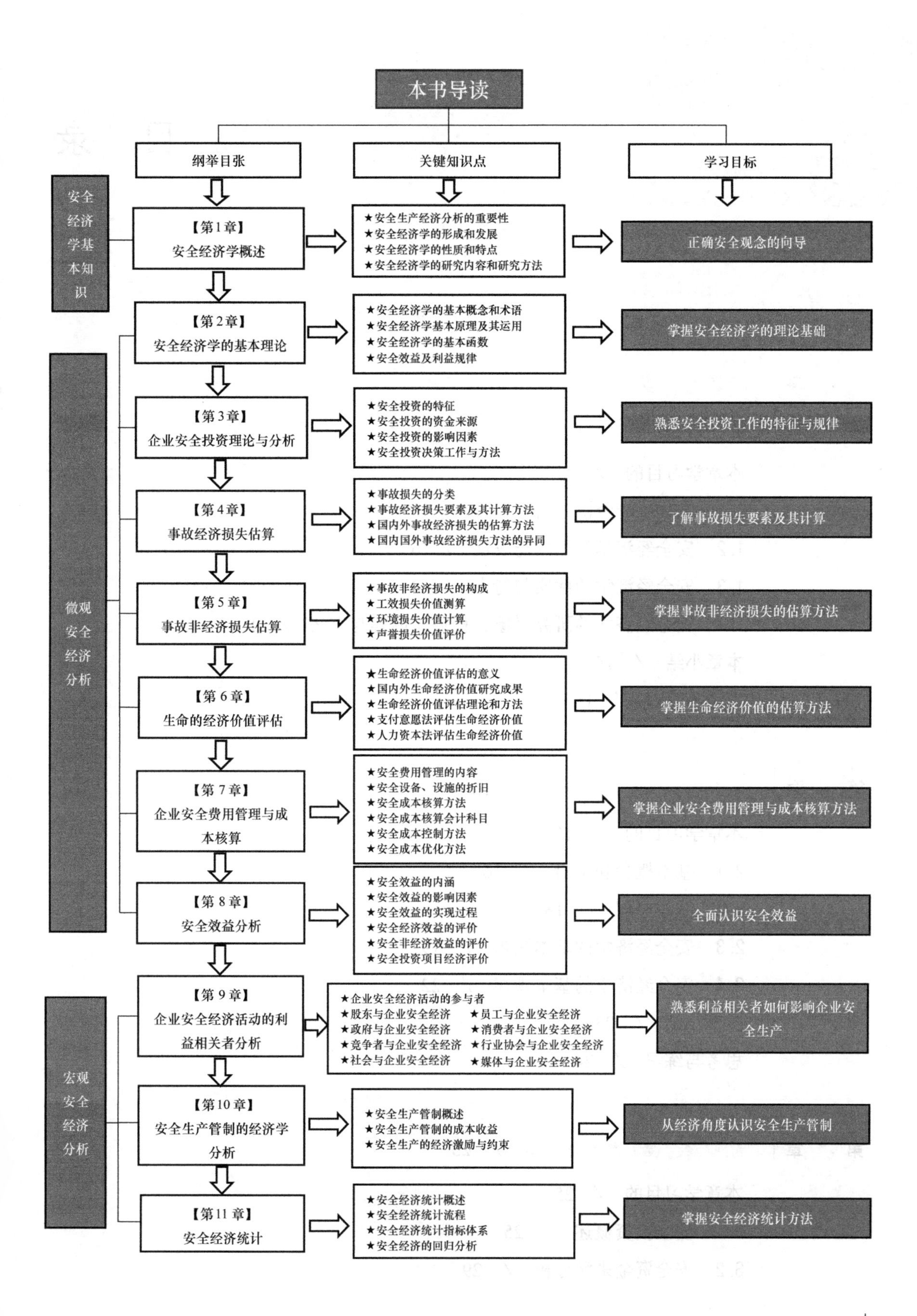
本书导读
纲举目张
关键知识点
学习目标
安全经济学基本知识
【第1章】
安全经济学概述
★安全生产经济分析的重要性
★安全经济学的形成和发展
★安全经济学的性质和特点
★安全经济学的研究内容和研究方法
正确安全观念的向导
微观安全经济分析
【第2章】
安全经济学的基本理论
★安全经济学的基本概念和术语
★安全经济学基本原理及其运用
★安全经济学的基本函数
★安全效益及利益规律
掌握安全经济学的理论基础
【第3章】
企业安全投资理论与分析
★安全投资的特征
★安全投资的资金来源
★安全投资的影响因素
★安全投资决策工作与方法
熟悉安全投资工作的特征与规律
【第4章】
事故经济损失估算
★事故损失的分类
★事故经济损失要素及其计算方法
★国内外事故经济损失的估算方法
★国内国外事故经济损失方法的异同
了解事故损失要素及其计算
【第5章】
事故非经济损失估算
★事故非经济损失的构成
★工效损失价值测算
★环境损失价值计算
★声誉损失价值评价
掌握事故非经济损失的估算方法
【第6章】
生命的经济价值评估
★生命经济价值评估的意义
★国内外生命经济价值研究成果
★生命经济价值评估理论和方法
★支付意愿法评估生命经济价值
★人力资本法评估生命经济价值
掌握生命经济价值的估算方法
【第7章】
企业安全费用管理与成本核算
★安全费用管理的内容
★安全设备、设施的折旧
★安全成本核算方法
★安全成本核算会计科目
★安全成本控制方法
★安全成本优化方法
掌握企业安全费用管理与成本核算方法
【第8章】
安全效益分析
★安全效益的内涵
★安全效益的影响因素
★安全效益的实现过程
★安全经济效益的评价
★安全非经济效益的评价
★安全投资项目经济评价
全面认识安全效益
宏观安全经济分析
【第9章】
企业安全经济活动的利益相关者分析
★企业安全经济活动的参与者
★股东与企业安全经济
★员工与企业安全经济
★政府与企业安全经济
★消费者与企业安全经济
★竞争者与企业安全经济
★行业协会与企业安全经济
★社会与企业安全经济
★媒体与企业安全经济
熟悉利益相关者如何影响企业安全生产
【第10章】
安全生产管制的经济学分析
★安全生产管制概述
★安全生产管制的成本收益
★安全生产的经济激励与约束
从经济角度认识安全生产管制
【第11章】
安全经济统计
★安全经济统计概述
★安全经济统计流程
★安全经济统计指标体系
★安全经济的回归分析
掌握安全经济统计方法

目　录

第1章 安全经济学概述

本章学习目的

明确安全生产经济分析的重要性
了解安全经济学的形成和发展
理解安全经济学的性质和特点
掌握安全经济学的研究内容和研究方法

1.1 安全生产经济分析

安全生产经济分析是按照合理配置社会资源的原则，采用各种经济分析参数，从企业、行业乃至整个国家利益的角度出发，分析计算安全生产活动对国民经济和社会发展的贡献，评价安全生产活动的经济效率、效果和对社会的影响，评价安全生产项目在宏观层面的合理性。

1.1.1 安全生产与经济发展的关系

安全生产是经济发展和社会进步的前提和保障，应该促进安全生产与经济社会发展同步，发展应该建立在安全保障能力不断加强、安全生产状况持续改善、劳动者生命安全和身体健康切实保证的基础上。同时，安全生产需要安全投入，需要一定的经济基础支撑。然而，用于安全生产的社会资源是有限的，需要经济规律来指导安全生产活动。因此，弄清安全生产与经济发展的关系，可以让人们更好地认识安全生产活动的重要性，更好地从事安全生产活动。

1. 安全生产是经济发展的前提

现代安全经济学“三角形理论”认为：经济为两条边，安全是一条底边，没有底边的支撑，这个三角形是不成立的。经济发展再快，没有安全生产这条底边就难以稳定，安全生产是经济发展的前提和基础。

(1) **安全生产能够保护生产力**

劳动力、劳动资料和劳动对象是生产力三大要素。人类自从有生产活动以来就存在事故隐患，安全生产的根本目的就在于通过提高物的安全状态和控制人的不安全行为等，来不断消除隐患、遏制事故，从而保证劳动者的生命安全与健康，保护生产资料免遭损坏。

(2) **安全生产可以促进生产力的发展**

生产是一种复杂的物质转换活动，生产过程是一项复杂的系统工程，存在着多种危险有害因素，各种因素交织作用，给安全管理工作带来了巨大挑战。一旦发生事故，不仅造成人员伤亡、财产损失，生产活动也会被迫中断。安全生产通过排除隐患、遏制事故，用尽量少的劳动消耗和物质消耗（安全投入）保证生产顺利、高效地进行，从而生产出更多符合社会需求的产品，无疑促进了生产力的发展。同时有研究表明，安全生产对经济发展具有巨大的贡献，并且行业风险越大，贡献也越大。

(3) **安全生产影响市场竞争**

安全生产是参与市场竞争的重要条件，安全生产工作不到位，一旦发生事故，不但会给企业带来巨大的经济损失还会损害企业的声誉与形象，从而使企业流失客户、合作伙伴等，降低企业的市场竞争力。另外，安全生产问题也是制约我国出口贸易的一个重要因素。美欧发达国家不断出台关于包括安全卫生在内的"社会责任"的议案与文件，限制我国企业参与国际经济领域的活动。

可见，安全生产不仅保护生产力，还能够促进生产，同时对市场竞争力有重要影响，因此，安全生产是经济发展的前提。

2. 经济发展是实现安全生产的根本保障

一方面，安全生产需要先进的安全设施和先进的科学技术作为保障，这有赖于经济发展的支撑，需要资金投入。经济发展为安全生产提供根本保障，主要是由于一定的安全投入必然获得相应的安全产出，这是基本的经济规律。另一方面，根据马斯洛（Abraham H. Maslow）的需求层次理论，只有在经济发展到一定程度，人类生存最基本的需要得以满足的基础上，人们才会更多地关注对安全的需要，劳动者和管理者较高的安全意识、安全素质是安全生产的重要基础。因此，从战略的角度考虑，要从根本上减少事故、实现安全生产形势的根本好转，离不开经济的快速发展。

1.1.2 安全生产中的经济问题及界定

安全生产中的主要经济问题是由安全活动中的基本经济关系引起的。因此，研究安全经济学的主要问题，应主要研究以下基本经济问题：

1. 安全资源配置问题

企业在一定时期可控制的资源是一定的，这些资源一部分配置在产品生产上，另一部分配置在安全活动方面。安全与产品生产之间的资源配置比例决定着产品生产活动和安全活动的规模和效率，决定着安全与生产之间的协调统一关系。所以，安全资源配置问题首先要解决多少资源配置在产品生产上、多少配置在安全活动上。在安全资源配置规模一定的情况下，安全资源需要进一步配置到安全活动的各个环节。安全资源配置结构的不同，决定着安全活动规模和产品生产规模的不同，最终影响着企业的经济效益。安全资源配置应该以实现资源整体最优使用效率为标准，以实现安全活动与产品生产活动的协调统一，促进企业经济效益的提高。

因此，安全资源配置包括两个基本方面：一是安全生产活动与产品生产之间的资源配置比例；二是安全生产活动各环节、各领域之间的资源配置比例。资源配置既是安全再生产活动的起点和基础，也是安全活动的终点和结果。一方面，安全活动是从资源配置开始的，安全资源配置的规模、结构及时空分布，决定着安全活动的规模、成效和安全保证程度的高低；另一方面，一系列安全生产问题，最终都会反映到资源配置上来，表现为安全资源配置的不合理，同时对下一个再生产过程安全资源配置提出要求，指明方向。

2. 安全效益问题

安全属性及安全活动的特殊性决定了安全效益的特殊性。安全效益与安全保证程度有关，即与安全再生产与企业再生产之间的协调统一程度有关，它随安全保证程度的变化而变化。安全的多属性决定了安全效益表现形式的多样性，按照不同的时间标准、空间标准、属性范畴标准以及能否以货币进行计量，可以把安全效益划分为不同的表现形式。安全的基本功能在于避免和减少事故损失，维护和促进生产活动的增值。因此，从安全活动的产出效果——安全效益来讲，它包括减损效益和增值效益两部分。研究安全效益主要包括安全效益的界定和构成、安全效益的表现形式、安全效益的计算以及安全效益的变化规律。

3. 安全成本变化问题

在企业经济核算实践中，并没有单独对安全成本进行核算，在理论研究上，关于安全成本的构成内容和分类还没有形成大多数人认同的统一标准。但安全成本的界定及正确核算在安全经济学中占有极其重要的地位。它是衡量安全活动消耗的重要尺度。安全成本包括实现某一安全功能所支付的直接和间接的费用。安全成本与安全保证程度有关，在安全成本随安全保证程度变化的过程中，存在一个最合理的安全保证程度，在这一点上，安全成本最低。

4. 安全供求关系及变化问题

一定技术水平和安全期望预期下，企业生产活动所需要的安全状态总量称为安全需求量，即安全产品的需求量。安全需求量与危险程度有关，当危险程度很小时，人员遭受伤害、财产遭受损失的可能性很小，安全需求量很低；当危险性不断提高时，人员遭受伤害、财产遭受损失的可能性不断增加，安全需求量不断增加。在一定的技术条件下，安全系统能够实现的安全状态总量，称为安全供给量，即安全产品的供应量。安全供给量也与危险程度有关，当危险程度很小时，危险源单一且容易辨别，不安全因素容易控制，安全活动的规模很小，安全供给量很低；当危险性不断提高时，危险源多元化、复杂化且越来越难以辨别，不安全因素越来越不容易控制，解决安全问题的技术性、组织性要求越来越高，需要专门的技术、设施、人员和知识，安全活动规模越来越大，则安全供给量不断增加。在企业安全生产活动中，总存在一定的供求关系，并且这种供求关系与危险程度有关，随危险程度的变化而变化，要么供求平衡，要么供求不平衡。

1.1.3　安全生产经济分析的作用

1. 正确反映安全生产对企业效益的影响

企业安全生产有其自身的经济特性和内在联系，安全生产与经济效益之间相互依存、相互渗透、相互制约，当将安全生产作为影响企业效益的变量来分析时，就不难看出安全活动对企业效益的影响之大，安全效益潜藏于企业各类经济活动之中，也影响着企业的整体经济效益。

(1) **企业安全生产活动的正效益**

正效益是企业安全生产活动的增值产出，企业通过采取一系列安全生产活动，一方面能够调动“人”的积极因素，为员工创造安全舒适的工作环境，提供必要的职业风险防护，保障员工生命财产安全，提高员工劳动热情和生产效率，促进企业生产效益的增长；另一方面能够发挥“物”的基本效用，保证企业生产设备的正常运转，提高设备安全率并延长使用寿命，有效节约生产资料成本，促进简单再生产和扩大再生产，使生产效益得到稳定提高，为企业带来效益。而就企业短期内的某一具体单项的安全生产活动来说，很难直接判断其效益大小，甚至容易造成安全生产只见投入不见收益的假象，从而导致一些企业对安全生产、安全投入重视不够。因此，企业要从整体上提高效益水平，就必须正确认识到安全生产能够产生长远、潜在的正效益，从而将安全生产视为一种生产力，作为一个重要的经济增长点，通过安全生产行为获取实实在在的效益。

(2) **企业安全生产活动的负效益**

负效益是企业安全生产行为的减损产出，一般通过事故损失间接反映出来。因发生事故时的减损产出在数值上表现为负数，故称为安全负效益。这种负效益具有一定的偶然性和潜在性。企业没发生安全事故就不会显现出负效益，一旦发生事故负效益就暴露无遗。负效益的经济损失除事故发生时的抢险与处理费用、财产损耗费用、人员伤亡及赔偿费用、生产损失费用等直接经济损失外，还可能导致资源破坏、品牌受损等其他难以估量的间接经济损失，国际上通常采用1∶4的比例来估算事故的直接与间接损失的比值，即安全事故的总经济损失约为直接经济损失的5倍。

(3) **安全投入产出的平衡点**

企业安全投入对安全效益的影响很大，但安全效益不仅具有正负双重性，而且具有长效性、潜在性、滞后性等特点，使得安全投入与产出的关系较为复杂，目前也还没有一个定量通用的理论换算公式能够准确测算，但大量的实践统计和定性分析表明，安全投入产出符合经济学中的边际产出递减规律。企业在安全生产投入之初，通常需一次性大额原始投入用以购置必备的安全设施。此后只需较少的后续投入进行基本维护，从而逐步释放出原始投入效益，推动边际安全产出递增。当后续少量的安全投入持续累积，边际产出持续递增到某一最大值后便开始递减，当边际产出效益递减到零值时，通常就是界定企业安全投入产出的平衡点，超过这个平衡点再追加安全投入，效益也难以再相应增加。对于不同的行业和企业，安全投入产出的平衡点也各不相同，在市场经济条件下，特别是面对激烈市场竞争，企业资金比较紧缺的情况，企业在进行安全投资行为时，必须要考虑安全成本与企业整体经济效益之间的动态关系，科学合理地界定本企业的安全投入产出平衡点，寻求以最经济的投入获得尽可能大的安全产出。

2. 辅助分析企业安全事故的形成机理

安全事故形成机理是安全生产研究的重点，只有从经济的角度透析企业安全事故的表象，进一步认清和把握安全事故的致因因素和形成机理，才能有针对性地采取有效的安全措施，提高企业安全生产活动的经济效益。

(1) **安全的外部性导致市场调节失灵**

根据安全经济学的分析研究，安全本质上属于企业一种特殊产出“产品”形态，安全的基本功能在于维护生产秩序、促进企业生产，使企业在获取安全增值产出的同时，尽可能避免和减少安全减损产出，因而安全具有典型的外部性特征。对企业而言，安全作为一种满足企业生产经营活动的基本需要，是由企业统一配置安全生产资源，集中组织安全生产活动，并通过所有员工的共同参与来实现的；对个人而言，在创造和实现安全的过程中，每个人付出的代价与获得的安全效用是不对等的，其不安全行为给整个企业甚至社会和其他人带来风险、危害和损失，也并非全部由其一个人承担。因此，安全的消费具有很强的非竞争性和非排斥性，而安全的成本与效益之间又是非对称、非匹配的，从而导致价格机制、供求机制、竞争机制等市场手段对企业安全行为较难发挥作用，难以通过市场调控实现安全资源配置的最优化。

（2）**事故的外溢性造成价值规律扭曲**

事故的外溢性存在于安全的外部性之中，特指企业发生安全事故后，事故责任者造成的损失外溢于其他社会经济组织或个人共同承担。企业这一主体导致的安全事故损失，既可能外溢于社会，给社会带来资源损失、环境污染等负面影响；也可能外溢于企业所有者，直接导致企业资产减少、成本增加和利润降低；还可能外溢于企业其他员工，给事故的受害者造成一定损失。事故的外溢性导致了损失性安全成本的扭曲，不能对事故损失和赔偿进行完整的会计核算，导致企业实际支付并在账面上反映的损失性成本过低。这种现象在我国煤矿企业安全事故中反映较为突出，一方面由于对煤矿事故造成的资源损失，目前还没有统一规范的计量标准可供采用，在法律或惯例上也没有对资源损失进行明确的赔偿规定，导致资源损失价值难以完整计入事故损失并得到相应补偿；另一方面，尽管改革开放以来我国的经济发展水平和综合国力不断提高，但相对而言企业员工工资增长普遍较缓慢，以工资为赔偿依据的事故赔偿金明显偏低，企业员工的生命价值被低估，事故伤害的赔偿大大低于国外赔偿标准和理论研究标准，这种成本扭曲使得企业承担的事故成本大大低于实际的事故损失，从而降低了事故控制的成本压力，容易滋生安全事故隐患。

（3）**效益的潜在性削减安全投入动力**

虽然从理论上分析，在一定边界范围内，企业安全投入与提高经济效益是正相关的，增加安全投入就能够提高安全水平，降低事故发生率，减少事故损失，提高企业经济效益。但是，这种企业安全效益具有很强的潜在性特点，从安全的正效益来看，企业安全投入前期数额较大，发挥效益的时间较长，当期投入难以当期获得全部回报；从安全负效益来看，安全事故的发生具有不可预测性，是企业可能面对的一种损失，企业投入安全成本，只能在某种程度上降低安全事故发生的概率，减少可能发生的安全损失，并不能从根本上完全消除安全事故的发生，这种投入和产出之间的不确定关系，致使不少企业存在侥幸心理，在确定减少投入和可能增加损失之间进行选择时，企业为追求利润（特别是短期利润）最大化，难免会倾向于减少投入，以尽可能地压低短期投入提高当期效益，致使企业进行安全投入的经济动力不足，造成企业安全投入短缺，安全保证程度过低。

3. 运用经济手段强化企业安全生产

运用经济手段强化企业安全生产，就是将企业安全生产活动纳入经济活动范畴，遵从安全生产工作的内在规律，通过机制完善、制度安排，降低企业安全行为的外部性影响，防止企业安全投入的短期化行为，使经济调节手段在安全生产中发挥应有的作用。

（1）**加大政策调控，促进安全外部性的内部化**

外部性是导致安全事故的主要致因因素，能否通过政策调控促进企业安全外部性内部化，将直接影响企业的安全生产效果。基于安全外部性的特征，一方面要加大“补”的力度，在法律允许的范围内，通过税收、奖励、经费补贴等政策扶持方式，激励企业强化安全生产的主体意识和防范风险的责任意识，帮助企业特别是中小企业狠抓重大安全隐患治理，通过政策杠杆刺激和撬动企业加大安全投入。另一方面要加大“罚”的力度，提高对企业不安全行为的经济、法律和行政处罚标准，增加对事故受害者赔偿、工伤事故处理费、环境破坏费等事故赔偿金的比例，厘清被事故外溢性扭曲的企业损失性安全成本，以高成本约束企业的不安全生产行为，让企业经营者根据成本效益理性回归安全生产，减轻市场机制和价值规律对企业安全生产调节失灵的问题，减少企业安全行为的随意性。

（2）**强化安全管理，提高安全生产组织化水平**

企业安全管理是安全生产活动的关键，制约和引导着企业的安全行为，控制着安全行为开展的规模、时空分布和方式，在企业安全生产工作中起着主导性作用。因此，要把强化安全管理作为企业安全生产的一项基础性工作，着力完善企业安全生产管理体制和激励机制，制定企业内部行之有效的规章制度，将实现企业生产价值与员工自身价值的统一作为企业共同的行为准则，积极推进企业安全文化建设，营造浓厚的安全生产氛围。要在夯实企业安全管理的基础上，充分调动一切有效的管理手段和方法，合理配置企业安全生产资源，推广安全生产技术应用，有力协调企业人员、设备、物料的时空布局，提高企业安全生产能力和管理水平，确保企业在既定的安全保证条件、生产系统方案下，按照既有的规章制度开展安全活动，有效保障人的安全行为、物的安全状态和环境的安全因素，提高企业整体效益。

（3）**保障安全投入，防止企业安全短期化行为**

安全投入直接影响着企业安全生产的基础条件，决定着企业安全产出的效益水平，根据安全投入的基本定量规律，预防型的主动投入产出远高于整改型的被动投入产出，两者之间的产出比约为5∶1。如果按照安全效益的“金字塔法则”测算，在设计时考虑1分的安全性，就能取得加工和制造时10分的安全性效果，达到运行或投产时1000分的安全性效果，这说明安全生产投入越早，所获得的安全效益也越高。当前，企业安全投入不足现象还较为普遍，主要原因是一些企业经营者对安全投入产出关系认识不清，忽视安全效益的长期性和潜在性特征，不愿主动进行安全生产投入，存在着明显的短期化倾向。因此，必须进一步引导企业经营主体正确认识安全行为的投入产出规律，在企业内部建立一套科学完整的安全评估核算体系，形成务实高效的安全生产投入决策机制，引导企业构建合理的安全生产投入结构，既避免安全生产投入处于紧缺状态，又防止安全生产投入的盲目浪费，让企业看到实实在在的投入产出效益，增强安全生产投入的主动性，确保安全生产投入满足企业安全生产需要。

1.2 安全经济学的形成与发展

1.2.1 安全经济学的形成是科学技术发展的必然要求

事故和灾害预防工作是当今人类一项极富挑战性的工作，涉及的系统是一个庞大、复杂的，以人、机、环境、技术、经济等因素构成的大协调系统。只有当人类科学技术和社会经济发展到一定程度时，研究事故和灾害的安全科学的发展才得以具有良好的条件和基础。其中，经济条件对其他条件因素发挥着重要的约束作用。需要清楚地认识以下几点：

1）要求的安全水平受到经济能力的限制。安全标准及其实现在一定程度上是以经济为前提、为约束条件的，这种客观状况决定了安全技术必须包含经济的思考（理论），安全工程技术的实施必须考虑经济的允许和可行，不存在任何绝对、无条件的安全。

2）安全科学的重要目标包含发展社会经济。安全科学技术也是生产力，安全科学技术在实现保障人的生命安全与健康的同时，不仅保护“人”这一生产力要素，而且维护了“技术要素”功能的正常发挥和作用，同时使各项资源的潜力得以充分发挥。

3）提高安全活动的效益是安全科学技术领域重点关注的问题。由于科学技术水平和社会经济的有限性、缺乏性，在相当长的时期内，有限安全条件和无限安全要求的矛盾仍是安全活动面临的重要挑战。因此，在发展安全科学技术时，需要注意：一是在满足同样安全标准的条件下，能否使安全投入和消耗尽可能地小；二是在有限的安全投资条件下，能否使安全实现尽可能地大。这需要安全经济学理论和方法才能解决。

1.2.2 安全经济学正逐步形成与发展

因为安全生产和劳动保护的主要目标和任务在传统上定位于人的生命安全与健康，所以，在国内外安全科学研究的历史上，很长一段时间内，安全研究工作者很少从经济角度去考虑安全生产活动，更很少有人专门提出研究安全经济学。安全经济学伴随着安全科学的发展而产生和发展。在安全科学的研究和发展过程中，国内外学者不断以安全经济学为命题，对人的生命经济价值、事故损失、安全投资、安全效益等问题进行了许多分析和研究，从而形成了安全经济学的初步框架。

1931 年，美国著名安全工程师海因里希（W. H. Heinrich）出版了《工业事故预防》（*Industrial Accident Prevention*）一书，对工业安全理论进行了专门研究。他精辟地指出，除了人道主义动机，还有两种强有力的经济因素也是促进企业安全工作的动力：

1）安全的企业生产效率高，不安全的企业生产效率低。

2）发生事故后用于赔偿及医疗费用的直接经济损失，只不过占事故总经济损失的 1/5。

20 世纪 80 年代前后出现了以安全经济学为主题的文献，意大利著名学者安德烈奥尼（D. Andreoni）1985 年出版了《职业性事故与疾病的经济负担》（*The Cost of Occupational Accidents and Diseases*）一书，主要研究工作事故造成的经济后果，分析了职业伤害费用在不同社会成员间的分布。琼斯-李（Jones-Lee）和惠特克（Michael Whittaker）1989 年出版了《安全与人身风险经济学》（*The Economics of Safety and Physical Risk*），分析了公共设施投入决策中考虑安全时所带来的效果，并应用支付意愿法估算了面对风险时个人的生命经济价值。

自 20 世纪 90 年代以来，我国也不断出现以安全经济学为主题的研究成果。安全经济学在《学科分类与代码》（GB/T 13745—2009）中被列为安全科学技术的一个三级学科。中国地质大学（北京）罗云教授 1993 年出版了《安全经济学导论》，之后陆续于 2004 年、2007 年、2010 年、2013 年和 2017 年出版、再版了《安全经济学》；宋大成研究员 2000 年出版了《企业安全经济学（损失篇）》；西安科技大学的田水承教授 2004 年出版了《现代安全经济理论与实务》，2014年出版了《安全经济学》；西安科技大学的李红霞教授2006年出版了《企业安全经济分析与决策》；刘伟、王丹2008年出版了《安全经济学》；万木生、陈国华、张晖2008年出版了《安全经济统计学》等。

这些成果标志着安全经济学的提出与发展并形成了一定的基础，但仍处于初始阶段，尚未形成比较完整、系统的安全经济学理论体系，更没有形成完备的安全经济科学，需要不断完善和丰富。

1.3 安全经济学的性质与特点

1.3.1 安全经济学的性质

安全经济学是经济学基本理论与方法在安全工程技术活动中的应用，是一门经济学和安全科学与工程相交叉的综合性学科，是研究安全生产活动与经济活动关系规律的科学。在世界范围内，安全科学仍处于初创阶段。作为安全科学的一个分支学科——安全经济学，其学科的性质、任务和目的等均有待确立。其中最根本的问题是明确安全经济学的基本性质。可以根据科学哲学、科学学、系统学、知识工程等基础理论，借鉴一般经济学及相关应用经济学的应用基础理论和方法来认识这一问题。

首先，从哲学角度看，安全与经济两者既有相互促进的方面，又有相互制约的、对立的一面，两者是辩证的对立统一的关系。安全问题存在的根源问题之一是经济问题，安全问题也是经济问题，人类的安全水平很大程度上取决于经济水平。

其次，从学科的地位来看，人类的安全水平很大程度上取决于经济水平。因此，经济问题是安全问题的重要根源之一。这种客观实际决定了"安全"具有针对性的特征，安全标准具有时效性的特征。这种状况使得安全活动离不开经济活动，安全经济活动贯穿于安全科学技术活动的理论范畴和应用范畴。所以，安全经济学既为安全科学丰富基本理论，也为安全科学增添应用方法。

再次，从学科的属性来看，人类的安全活动是为了解决安全问题，既要涉及自然现象，又要涉及社会现象，既需要工程技术的手段，又需要法制和管理的手段。所以安全科学具有自然科学与社会科学交叉的特点。安全经济学是研究和解决安全经济问题的，因而它首先是一门经济学（社会科学），但又不是一般意义上的经济学。安全经济学以安全工程技术活动为特定的应用领域，这决定了安全经济学又是与自然科学结合的产物。它是研究安全活动与经济活动关系规律的科学。它以经济学理论为基础，以安全领域为阵地，为安全经济活动提供理论指导和实践依据。

最后，从学科性质和任务的角度看，安全经济学可定义为研究安全的经济（利益、投资、效益）形式和条件，通过对人类安全活动的合理组织、控制和调整，达到人、技术、环境的最佳安全效益的科学。这一定义具有如下几点内涵：①安全经济学的研究对象是安全的经济形式和条件，即通过理论研究和分析，揭示和阐明安全利益、安全投资、安全效益的表达形式和实现条件；②安全经济学的目的是实现人、技术、环境三者的最佳安全效益；③安全经济学的目标是通过控制和调整人类的安全活动来实现的。发展安全经济学的目的与发展安全科学的目的相一致。研究安全经济的分析理论和方法是安全经济学最基本的任务。

1.3.2 安全经济学的特点

1. 系统性

安全经济问题往往是多目标、多变量的复杂问题。在解决安全经济问题时，既要考虑安全因素，又要考虑经济因素；既要分析研究对象自身的因素，又要研究与之相关的各种因素。这样，就构成了研究过程和范围的系统性。否则，以狭隘、片面的观点和支离破碎的方法对待和处理问题，是不能得到正确结果的。例如在分析安全的效益时，既要考虑安全的作用能减少损失和伤亡，还应认识到安全能维护和促进经济生产的作用。否则，仅从安全的减损作用去认识安全的经济意义，是不全面和不完整的。为此，需要系统综合地研究安全经济规律。

2. 预见性

安全经济的产出往往具有延时性和滞后性，而安全活动的本质具有超前性和预防性特征，因而，安全经济活动应具备适应安全活动要求的预见性。为此，应做到尽可能地准确预测安全经济活动的发展规律和趋势，充分掌握必要的和可能得到的信息，避免主观臆断，以最大限度地减少因论证失误而造成的损失，获得最佳的安全效益。

3. 优选性

任何安全活动（措施、对策）都有多个方案可选择。不同的活动往往有不同的约束条件，不同的方案都有其不同的特点和适应对象。因此，安全经济的决策活动应建立在优选的基础上。安全经济学应提供安全经济优化技术和方法。

4. 部门性

安全经济学相对于一般经济学，具有部门的属性。安全经济学是一门部门经济学。这里是指广义的部门。一方面它没有自己独立的理论基础，是在与一般经济学结合的基础上形成自己的理论体系；另一方面，安全经济学具有自己特定应用领域——安全领域，它以安全经济问题作为研究对象。利用一般经济学的原理和基础理论，研究、分析和解决安全领域中的一切经济现象、经济关系和经济问题。

5. 边缘性

安全经济问题同其他经济问题一样，既受自然规律（安全客观规律）的制约，又受经济规律的支配。即安全经济学既要研究安全的某些自然客观规律，又要研究安全的经济规律。因此，安全经济学是安全的自然科学与安全的社会科学交叉的边缘科学，并与灾害经济学、环境经济学、福利经济学等相关部门经济学交叉而存在，相互渗透而发展。

6. 应用性

安全经济学所研究的安全经济问题，都带有很强的技术性和应用性。这是由于安全本身就是人类劳动、生活和生存实践的需要，安全经济学为这种实践提供技术和手段。换言之，安全经济学的根本任务是“达到人、技术、环境的最佳安全效益”，安全经济学一提出来就带有明确的应用性。

总之，安全经济学的突出特色是：不仅体现了安全科学的综合性、交叉性、基础性和边缘性，而且使安全工作者跳出单纯以技术或工程观点认识问题、研究问题的误区，从更广泛的视野和角度研究安全生产问题，保障安全。

1.4 安全经济学的研究对象、任务、内容与方法

1.4.1 安全经济学的研究对象

科学是人类对现实世界认识成果的系统总结。任何科学都有其特定的研究对象，都是研究某种特殊运动形式或特殊矛盾的。正是研究对象的特殊性，把不同的科学区分开来。安全经济学也有其自身的研究对象和自己的特殊矛盾运动。安全经济学的研究对象就是安全领域中的经济关系，主要包括四个方面。

1. 安全主体分工协作关系

安全主体主要涉及政府（管理制度方、监管方，即裁判）、企业（雇佣方，即强势群体）与工人（被雇佣方，即弱势群体）三者。从宏观上，安全主体分工协作关系是指政府、企业与员工的相互联系与作用关系，它包含安全产生的基本要素，体现了安全在国民经济中的地位和作用等。从微观上讲，安全主体分工协作关系是指企业等组织内部的安全保障策划、安全资源的投入、安全项目的实施、安全水平的检查评估以及危险源反馈和整改诸环节之间的相互配合、衔接和促进关系。研究安全主体分工协作，有利于科学组织和处理安全健康卫生与国民经济中各部门的关系，以及与企业等组织内部安全生产的关系，从而有利于完善社会生产关系，促进生产力的可持续发展。

2. 安全经济利益关系

从宏观上讲，安全利益关系是指企业与国家之间的与安全有关的利益关系，以及企业与企业之间、企业与个人（相关方）之间的与安全有关的利益关系。从微观上讲，安全利益关系是指企业等组织内部的各利益主体之间的与安全有关的责任分配、利益分配等关系。以国家或社会关系为代表的所有者的利益安全与否，影响其财富与资金积累，甚至社会安定的程度；以企业为代表的经营者利益安全与否，影响其生产资料产能的发挥，以及商品质量、市场份额与经济效益的得失；以个体人为代表的个体利益安全与否，影响其本人的生命、健康、智力与心理、家庭幸福及收入的得失。

安全经济利益关系是安全利益关系的一种，是安全经济关系的核心和本质。这种经济利益观是否协调、科学，与组织成员积极性的发展密切相关，并且事关国家的长治久安和社会经济的可持续发展，对生产力的发展有极大影响。只有深入理解安全经济利益关系，才有利于建立正确的安全经济意识和安全文化，有利于安全决策，有利于建立科学有效的安全管理制度。

3. 安全经济数量关系

安全经济数量关系是指与安全有关的各种经济要素之间的数量依存关系，即一种与安全有关系的经济要素发生变化时，该变量对安全经济数量变化所产生的影响。这种影响既可以是积极的正效应，也可以是消极的负效应。例如，企业利润的增加，有利于企业增加安全投入，从而有利于事故发生概率的下降、安全水平的提高，这是积极影响；而企业事故的发生，会对企业产量、利润产生消极影响。对于正反两方面的影响大小，都可以通过一定时期的各种数量资料，运用数学模型加以计算，从而分析它们之间的数量关系变化规律。

研究安全经济数量关系，对于科学掌握安全需求及安全供给的规模和结构、合理地进行

安全管理决策和安全投入、提高企业安全效益和安全生产水平具有重要的现实意义。

4. 安全经济效益关系

安全经济效益关系是指安全的投入与产出关系。从微观方面分析，安全经济效益就是企业自身的安全投入与安全产出的关系，即企业投入安全活动的人、财、物的总和与安全活动所挽救的损失以及这种挽救保护为企业带来的经济产值的增加量的总和之间的量的比较关系。从宏观方面分析，安全经济效益关系是指整个社会、产业部门在安全方面投入的人、财、物的总和，与安全投入后所产生的事故发生概率及损失程度的下降为社会、产业部门减少的事故损失以及这种挽救为社会、产业部门所带来的经济产值的增减量的总和之间的量的比较关系。

研究安全经济效益关系，在微观上，有利于确定企业安全投入的方向和数量范围，明确提高安全效益的措施和方法；在宏观上，有助于认清安全业发展的规模、水平和结构，合理确定安全投入总额在整个国民经济中应占的比重。

总之，安全主体分工协作关系、安全经济利益关系、安全经济数量关系和安全经济效益关系构成了安全经济关系体系。其中，安全主体分工协作关系是安全经济关系存在的前提，它直接与社会生产关系相联系，由生产力发展变化决定并受其影响。安全经济利益关系是在安全主体分工协作关系的基础上形成的更本质的经济利益相关关系。安全分工协作越明晰，安全经济利益关系也就越清晰。安全经济数量关系直接取决于安全主体分工协作关系，分工协作关系越明晰，影响安全的因素就越明确，因而安全经济数量关系也就越明晰；分工协作关系越复杂，影响安全的因素也就越多，因而安全经济数量关系也就越复杂。此外，安全经济数量关系也直接受安全科学技术发展程度和人们认识水平的影响。科学技术的发展也会引起生产关系的变化，直接反映到安全主体分工协作关系和安全经济利益等方面的变化，安全经济数量关系的变化也受安全经济利益关系的影响，在不同的社会发展时期和不同的历史背景下，同样的安全经济利益关系会对安全经济数量关系产生不同的影响。安全经济效益关系是安全经济关系的最终实现，一切安全经济活动的最终目的都是取得安全经济效益。

安全经济学的研究对象，概括地说，就是根据安全实现与经济效果对立统一的关系，从理论与方法上研究如何使安全活动（安全法规与政策的制定、安全教育与管理的进行、安全工程与技术的实施等）以最佳的方式与人的劳动、生活、生存合理地结合起来，最终取得安全劳动、安全生活、安全生存等方面较好的综合效益。

1.4.2　安全经济学的研究任务

安全经济学的研究任务与研究对象具有密切的联系。安全经济学的研究任务实现着安全经济学研究对象的要求，安全经济学研究对象制约着安全经济学的任务。一般而言，安全经济学的研究任务，是揭示安全经济关系的发生、发展及其运动的客观规律性，探讨实现经济的安全生产、安全活动、安全生存的途径、方法和措施。具体而言，主要有以下四项任务：

一是揭示安全经济关系产生、确立和发展的条件，阐明安全在国民经济中的地位和作用，从经济视角论述安全生产的重要作用，为安全业的发展奠定理论基础。

二是阐明安全经济关系的内容和性质，揭示安全经济关系的内容和外部矛盾，提供正确处理安全经济矛盾的原理、原则，以促进安全业的发展。

三是揭示与安全经济关系相联系的各种因素，并确定各种因素与安全经济发展的数量关系，为进行科学的预测和决策提供最佳模式和最有效的方法。

四是科学地规定安全经济效益及安全效益的含义，揭示影响安全经济效益的各种因素，指明提高安全经济效益的途径。

概括起来，安全经济学的任务就是：应用辩证唯物主义基本原理，以及系统科学、一般经济学、安全科学的方法和理论，对人类公共安全，即职业、生活、生存活动中的安全经济规律进行考察研究；结合当代世界经济发展和中国现代化、工业化建设的具体实践，阐明社会主义市场条件下经济规律在安全活动领域的表现形式；探讨实现经济的安全生产（劳动)、安全生活、安全生存的途径、方法和措施；为国家、政府和企业提供科学制定安全方针和政策的理论依据，从而极大限度地保障人的身心安全、健康和社会经济发展，促进社会与经济的繁荣与昌盛。

1.4.3 安全经济学的研究内容

1. 安全经济学的宏观基本理论

研究社会经济制度、经济结构、经济发展等宏观经济因素对安全的影响，以及与人类安全活动的关系，确立安全目标在社会生产、社会经济发展中的地位和作用；从理论上探讨安全投资增长率与社会经济发展速度的比例关系；把握和控制安全经济规模的发展方向和速度。

2. 事故和灾害对社会经济的影响规律

研究不同时期（时间)、不同地区（行业、部门等空间)、不同科学技术水平和生产力水平条件下，事故、灾害的损失规律和对社会经济的影响规律；探求分析、评价事故和灾害损失的理论及方法，特别是根据损失的间接性、隐形性、连锁性等特征，探索科学、精确的计算理论和方法，为掌握事故和灾害对社会经济的影响规律提供依据。

3. 安全活动的效果规律

研究如何科学、准确、全面地反映安全的实现对社会和人类的贡献，即研究安全的利益规律。测定出安全的实现给个体（个人)、企业、国家及全社会带来的利益，对制定和规划安全投入政策具有重要的意义，同时也是科学评价安全效益不可少的技术环节。

4. 安全活动的效益规律

安全的效益与生产的效益既有联系，又有区别。安全的效益不仅包括经济的效益，更为重要的是还包含非价值因素（健康、安定、幸福、优美等）的社会效益。这种情况使得对安全效益的评定非常困难。为此，应细致地研究安全效益的潜在性、间接性、长效性、多效性、延时性、滞后性、综合性、复杂性等特征规律，把安全的总体、综合效益充分地揭示出来，为准确地评价和控制安全经济活动提供科学的依据。

5. 安全经济的科学管理

研究安全经济项目的可行性论证方法、安全经济的投资政策、安全经济的审计制度、事故和灾害损失的统计办法等安全经济的管理技术和方法，使国家有限的安全经费能得以合理使用，最大限度地发挥人类为安全所投入的人、财、物的潜力。

安全经济学的研究内容是相当广泛的，既有基础理论，也有应用理论，还有技术手段和方法，根据系统学和科学学的方法，把安全经济学的研究内容整理归类为安全经济学四层次结构体系，见表 1-1。

表 1-1 安全经济学四层次结构体系

学科层次	学科理论与方法特征	主要学科内容
哲学	安全经济观、认识论、方法论	安全经济观、安全经济认识论、安全经济方法论
基础科学	安全经济学的基础科学	宏观经济学、微观经济学、数量经济学、系统科学、数学科学、安全科学
技术科学	安全经济学的应用基础理论	安全经济原理、安全经济预测理论、安全经济分析理论、安全经济评价理论、安全价值工程、非价值量的价值化技术
工程技术	安全经济技术的方法与手段	安全经济政策与决策、安全经济标准、安全经济统计、安全经济分配、损失计算技术、安全投资优化技术、安全成本核算、安全经济活动管理

安全经济学的哲学问题是确立安全经济观，确立安全经济学的立论基点，确立安全经济学的发展方向，提供安全经济理论的思想基础。

安全经济学的基础科学是安全经济学理论和方法的根基和源泉。只有充分采用一般科学技术和经济学现有的理论、方法，安全经济学的发展才有基本的支柱和依靠。同时，安全经济学也应发展符合自身学科需要的理论科学。

安全经济学的技术科学是安全经济学的应用基础理论，它研究和探讨安全经济的基本原理和规律，提出安全经济控制和管理的理论。只有充分认识和掌握了安全经济客观规律，确立了安全经济学的基本理论，安全经济活动的指导与控制才会有效和准确。

安全经济学的工程技术是指安全经济活动或工作的方法和手段。安全经济学不仅仅是应用理论，更为有意义的是安全经济学的理论能指导安全工程技术的实践活动，使人类的安全活动符合客观实际和必须遵循的经济规律。

1.4.4 安全经济学的研究方法

安全经济学的基本研究方法是辩证唯物论和历史唯物论的方法，只有从实际出发，重视调查研究，掌握历史和现状的客观安全经济资料，才能由表及里、去伪存真，探求出普遍性的规律，才能做出合理的决策。安全经济学是经济学基本理论与方法在安全领域的应用，因此要充分利用经济学已有的研究方法，并吸收相关学科的成果，采用多学科综合的系统研究方法。在进行安全经济学相关研究时，常用的研究方法有逆向思维方法、分析对比的方法、调查研究方法、定量分析与定性分析相结合的方法、机会成本方法等。在研究具体问题时，应注意安全活动的特性，灵活采用合适的研究方法。

1. 逆向思维方法

一方面，安全经济学研究的是如何使事故损失最小化，安全产出实质并不是直接的经济产出和增长，因此安全经济学具有“守业”经济学的属性。因为安全经济学中所追求的效益不是经济的发展和物质财富的增长，而主要体现在减少了多少可计量的事故损失，所以不适用于常规经济学中的经济效益评价，安全经济学也不像常规经济学那样受计划和市场调控，等等。另一方面，要实现安全，需研究事故发生的条件和原因，逆向追根消除这些条件和原因。因此，安全经济学研究应采用逆向思维方法。

2. 分析对比的方法

由于安全系统是一个涉及面很广、联系因素复杂的多变量、多目标系统，因此，要求研究手段和方法要科学、合理，符合客观的需要，进行分析和对比是掌握系统特性及规律的基本方法之一。为此，要注重微观与宏观相结合、特殊与一般相结合的原则，只有从总体出发，综观系统大局，通过全面、细致的综合分析对比，才能把握系统的可行性和经济合理性，从而得到科学的结论。对于安全经济活动所伴有的规律，如“负效益”规律、非直接价值性特征等，只有通过分析对比才能获得准确的认识。

3. 调查研究方法

认识安全经济规律，很大程度上应根据现有的经验和材料来进行，从实践中获得真知，而不应该从概念出发，束缚和僵化思想。因此，调查研究应是认识其规律的重要方法。事故损失的规律只有在大量的调查研究基础上，才能得以揭示和反映。

4. 定量分析与定性分析相结合的方法

认识事物的程度很大意义上取决于定量的程度。定量方法和技术的成熟程度往往是衡量一门学科发展状况的标志。因此，安全经济问题的科学定量解决是安全经济学发展的必然要求。但是，也应意识到，由于受客观因素和基础理论的限制，安全经济领域有的命题是不能绝对定量化的，如人的生命与健康的价值、社会意义、政治意义、环境价值等。因此，在实际解决和论证安全经济问题时，必须采取定量与定性相结合的方法，使获得的结论尽量合理和正确。

5. 机会成本方法

人力资本、资金、设备等资源是有限的，因此，做任何事情都是有代价的，在有限资源情况下，应该做什么？放弃做什么？这些问题是难以决策的。运用机会成本方法进行安全经济活动的分析，有助于社会和个人做出正确的选择，从而缩小机会成本，获取更大的机会“收益”。

延伸阅读

工业化国家经济发展与安全生产关系

安全生产状况伴随着经济社会发展水平大致表现为四个阶段：一是初级产品生产阶段，工业经济快速发展，安全生产事故多发；二是工业化初期阶段，安全生产事故达到高峰并逐步得到控制；三是工业化中期阶段，安全生产事故快速下降；四是工业化后期阶段，安全生产事故稳中有降，死亡人数很少。以上四个阶段揭示了安全生产与经济社会发展水平之间的内在联系。当人均国内生产总值处于快速增长的特定区间时，安全生产事故也相应地较快上升，并在一个时期内处于高位波动状态。

工业化国家经济发展与安全生产关系的一般规律如下：

1）从国内生产总值（GDP）角度上看，世界上大多数国家经济发展的实践表明：经济增长速度在10%以上时，企业工伤事故明显增多。特别是当一个国家的人均GDP在5000美元以下时，很难避免工伤事故的发生，尤其人均GDP在1000~3000美元时，是安全事故急速增长的阶段，而且上下波动较大；当人均GDP约1万美元时，企业工伤事故开始缓慢下降，发生事故的波动幅度也有变小趋势；在人均GDP超过2万美元时，发生特大工伤事故的概率大幅度降低，伤亡人数明显下降，而且基本上不会出现幅度较大的波动和反复。发达国家在工业化发展过程中也出现过特大事故频繁发生的情况，例如，美国在人均GDP为1000~2000美元时，工伤事故十万人死亡率为13左右，全国工伤事故年均死亡人数超过2万人；日本在20世纪60年代中期人均GDP刚超过1000美元时，工伤事故十万人死亡率在12左右。英、德、法等国家经过了30年以上的努力，使工伤事故十万人死亡率降到了5左右的水平。韩国、巴西、印度等国家也曾经或正在经历这段历史进程，其工伤事故的十万人死亡率都在10以上。我国近几年同口径的工矿企业工伤事故十万人死亡率在10上下波动。

2）从产业结构角度上看，发达国家的历史表明：在制造业高速发展的时期，出现事故频率高、工伤死亡人数多的情况，随着第三产业比重的相对增加，形势才逐年有所改善。例如，当美国第三产业的比重达到72%时，高风险企业和高风险人群同时减少，工伤事故的风险也随之下降到很低的水平。可见，产业结构调整，以第三产业增加为主导，使高风险行业萎缩，伤亡事故和高危人群减少，工作环境本质安全条件提高，安全生产形势好转。

本章小结

安全经济学（Safety Economics）是一门研究安全的经济（利益、投资、效益）形式和条件，通过对人类安全活动的合理组织、控制和调整，达到人、技术、环境的最佳安全效益的科学。作为一门经济学与安全科学相交叉的新兴综合性科学，安全经济学的基础理论、内容体系及研究方法都有待进一步发展和完善。

本章明确了安全生产过程中的经济分析工作，阐述了安全经济学的形成与发展过程，介绍了安全经济学的性质与特点、研究对象、研究任务与内容以及研究方法等。通过学习本章，读者可对安全经济学有一个整体的初步认识，明确安全经济分析工作的重要作用及其内涵。

思考与练习

1. 为什么要进行安全生产经济分析？
2. 简述安全经济学的发展过程。
3. 安全经济学的概念是什么？
4. 安全经济学的特点有哪些？
5. 安全经济学的研究内容有哪些？
6. 试论安全生产中涉及的经济相关问题。

第2章 安全经济学的基本理论

本章学习目的

掌握安全经济学的基本概念和术语
理解安全经济学基本原理的内容，学会运用其进行安全生产经济分析
掌握安全经济学的基本函数，明确函数之间的数量关系
掌握安全效益及利益规律

2.1 基本概念和术语

安全经济学是一门经济学与安全科学相交叉的综合性科学，属于社会科学与自然科学相结合的产物，是安全科学学科体系中的一门三级学科。为了更加深入地开展该学科的理论与应用研究，首先必须掌握这门学科的一些基本术语。

2.1.1 经济学相关概念

1）经济（Economy）。经济泛指社会生产、再生产和节约以及收益、价值等。经济通常用实物、人员劳动时间、货币来进行计量。

2）效率（Efficiency）。效率是指在特定时间内组织的各种要素的投入与产出之间的比率关系，即劳动消耗与成果之比。提高效率的目的是以一定的投入取得最大的产出，或以较小的投入取得一定的产出。效率反映了劳动或活动的投入收益率。效率的计算式通常如下：

$$效率 = \frac{产出量}{投入量} \times 100\% \tag{2-1}$$

3）经济效率（Economic Efficiency）。经济效率是指经济系统输出的经济能量和经济物质与输入的经济能量和经济物质之比较。经济效率的计量一般是用实物、劳动时间和货币为计量单位。通常用“产出投入比”“所得与所费之比”或“效果与劳动消耗之比”来衡量。

4）效益（Benefit）。效益通常是指经济效益，它泛指事物对社会产生的效果及利益。效益反映“投入产出”的关系，即“产出量”大于“投入量”所带来的效果或利益。效益的一般计算式如下：

$$效益 = \frac{产出量 - 投入量}{产出量} \times 100\% \tag{2-2}$$

5）效果（Effect）。效果是指劳动或活动实际产出与期望（或应有）产出的比较，它反映实际效果相对于计划目标的实现程度。效果的计算式为

$$效果 = \frac{实际产出量}{应有产出量} \times 100\% \tag{2-3}$$

6）效用（Utility）。效用是指消费者从商品或劳务的使用中所获得的满足程度，即商品能够满足人们的性能就是这种商品的效用。效用是人们的一种心理感受，是消费者的主观评价。

7）边际效用（Marginal Utility）。边际效用是指对某种商品消费量增加一单位所引起的总效用的变化量。其中总效用是指一个人从消费某些物品或劳务中所得到的总满足程度，大小则取决于个人的消费水平。

8）机会成本（Opportunity Cost）。机会成本是指一种资源（如资金或劳力等）被用于固定用途而放弃的其他可供选择的用途所可能损失的收益。

9）价值（Value）。价值是指事物的用途或积极作用。价值与效益有密切的联系，从经济学的角度看，效益是价值的实现，或价值的外在表观。“价”是指物质生产中的商品交换和商业活动；“值”是相当的意思，是说人们在交换时要求双方所得相等，公平交易。从这一目的出发，经济学的应用领域提出了按价值原则进行生产活动的理论和方法，称为价值工程（理论和方法）。由此提出价值计算公式如下：

$$价值 = \frac{功能}{成本} \tag{2-4}$$

在此，价值反映了单位成本所实现的功能。

10）经济学（Economics）。经济学是指研究社会如何进行选择，以使用多种用途的、稀缺的生产资源来生产各种商品，并将它们在不同人群中间进行分配的科学。经济学包括理论经济学和应用经济学两大范畴，安全经济学显然属于应用经济学领域。

2.1.2　安全经济学相关专业术语

1）安全（Safety）。安全是指系统的运行状态对人类的生命、财产、环境可能产生的损害控制在人类能接受水平以下的状态。安全是人类的整体与生存环境资源的和谐相处，是免除了不可接受的损害风险的状态。安全的定量描述用“安全性”或“安全度”来反映，其值用 0 ~ 1 的数值来表示。与安全性相对应的是风险性，两者关系如下：

$$安全性 = 1 - 风险性 \tag{2-5}$$

2）事故（Accident）。事故是指造成死亡、职业病、伤害、财产损失或其他损失的意外事件。

3）安全成本（Safety Cost）。安全成本是指为实现安全所消耗的人力、物力和财力的总和，包括为保证安全生产而支付的一切费用和因安全问题而产生的一切损失。

4）安全投资（Safety Investment）。安全投资是指提高企业的系统安全性、预防各种事故的发生、防止因工伤亡、消除事故隐患、治理尘毒作业区的全部费用，即为保护职工在生产过程中的安全和健康所支出的全部费用。

5）安全收益（产出）（Safety Benefit）。安全收益等同于安全产出。通过安全的实现能够减少或避免伤亡和损失，并维护和提高生产力，从而促进经济生产增值。由于安全收益具有潜伏性、间接性、延时性、迟效性等特点，因此研究安全收益是安全经济学的重要课题之一。

6）安全效益（Safety Efficiency）。根据经济效益的概念，安全效益是安全收益与安全投入的比较。它反映安全产出与安全投入的关系，是安全经济决策所依据的重要指标之一。

2.2 基本原理

2.2.1 安全的基本原理

安全经济理论和方法首先从属于安全，因此遵循依照安全固有属性所概括出的基本原理。

1. 避免事故或危害有限性原理

这一原理包含两层含义：一是各种生产和生活活动过程中的事故或危害事件虽然可以避免但很难完全或绝对避免；二是各种事故或危害事件的不良作用、后果及影响可能避免，但难以完全或绝对避免。

2. 安全的相对性原理

安全是相对的，没有绝对的安全。当系统的风险（或危险）在人们可以忍受的范围内，则称这个系统是安全的。安全经济学就是要根据社会生产技术水平和客观经济能力，以及相应的社会对危险、危害的承受能力，为不同的生产、生活环境或产业过程提供和确认这一“最低”安全值，作为制定安全标准的依据。从另一个侧面理解，可以认为安全的相对性是指免除风险（或危险）和损失的相对状态或程度。

3. 安全的极向性原理

这一原理包含如下三层含义：

1）安全科学的研究对象（事故、危害）是一种“零无穷小”事件、“小概率”事件或“稀少事件”。事故或事件具有如下特点：事故发生的可能性很小（趋向零、小概率），但后果可能会十分严重；危害事故的事故源范围很小，但危害涉及的范围或人数可能会广而多。

2）描述安全特征的两个参量——安全性与风险性具有互补关系。即“安全性 = 1 - 风险性”，当安全性趋于无穷大时，风险性趋于最小值，反之亦然。

3）人类从事的安全活动，总是希望以最小的投入获得最大的安全。

2.2.2 安全经济学基本原理

规则是人为规定的、规范人类行为的伦理道德、规章制度、法律条例、标准规范等的总和。按照所规范的人类行为特征的不同，规则可以分为社会规则、经济规则、技术规则和安全规则四类。在多种规律联合作用的情况下，为了实现既定目标，需要找到一种使相关规律协同作用的途径。因此，在进行安全生产经济分析的同时，也要遵循一定的原理，处理好各规则之间的关系。

1. 安全与经济双赢原理

安全决策者所制定的安全经济政策必须取得安全规律与经济规律的协同才能实现安全与经济的双赢，称之为安全与经济双赢原理。例如，决策者需要认识到不同经济发展阶段事故发生的特点，从而制定具有针对性的安全投资决策。不能不顾经济发展无限制地追求安全水平的提高，也不能只注重经济发展而忽视安全生产。只有同时顺应安全规律和经济规律，才能持续发展。

2. 安全状态转换原理

属于共有态的安全资源需要通过政府引导最大限度地进入市场态或公共态，称之为安全状态转换原理。经济中的物品按照人类对其管理的状态大致可以分为三类：第一类是市场态物品，它们由市场进行配置，如粮食、衣服、电器等；第二类是公共态物品，它们主要由政府提供，如国防、桥梁、教育等；第三类是共有态物品，由自然界提供（无人主动提供），如海洋生物、矿藏、森林、土地等。市场态与公共态的物品由于具备可持续的供给与可持续的需求，运行效果良好。安全资源在一定程度上具有共有态物品的特征，由于缺乏统一管理，往往会出现“共有地的悲剧”。因此，需要政府宏观管制政策的引导，使其进入市场态或公共态。例如，为了控制事故的发生，政府需要制定相应的安全生产政策（如要求企业建立安全生产责任制），甚至（如高危行业企业必须取得安全生产许可证才能生产经营）强制人们在生产中的安全行为，从而促使企业在进行产品生产之前，首先进行安全产品（创造安全生产条件）的生产。

3. 安全内部化原理

安全事故的负外部性要最大限度地内部化，称之为安全内部化原理。安全事故具有负外部性。首先，安全生产事故的发生对工人的家庭、亲友等共同体将造成严重的损害，这种损害不仅是经济上的——从事高危行业的工人大多是贫困家庭的主要劳动力，更会给工人造成精神上难以弥补的创伤。其次，工人的伤亡将使得大量的公共支出被投入救援、医疗等领域，而这些非生产性支出通常并不能直接带来社会财富的增加。再次，厂商可以降低安全条件而获得暴利的现实将产生恶劣的典型示范作用，进而诱导其他厂商竞相效仿。最后，还有一个伦理问题，即人们对生命的价值与尊严的评价将可能因为重特大安全事故的频发而降低，导致社会价值观的腐蚀。因外部性具有非排他性，要克服生产事故可能引发的负外部效应，使其向内部性转化，政府必须担负起安全生产管制的职责，需要政府采取各种努力来增加人们的健康，提高每个人的福利。

2.3 安全经济学的基本函数

从经济利益角度看，安全具有避免与减少事故无益的经济消耗和损失，以及维护生产力与保障社会经济财富增值的双重功能和作用。本节从安全的经济功能出发，探讨几种安全经济函数。

2.3.1 安全损失函数和增值函数

安全具有两种效益功能：第一种是“减损功能”，安全能直接减轻或避免事故的发生，从而减少对人、企业、社会和自然造成的损害，实现保护人类财富和减少无益损失的功能；第二种是“增值功能”，安全能保障劳动条件并提高生产效率，从而维护经济增值过程，实现其间接为社会增值的功能。

安全的第一种功能“减损功能”可用损失函数 $L(S)$ 来表达：

$$L(S)=L\exp\left(\frac{l}{S}\right)+L_0(l>0,L>0,L_0<0) \tag{2-6}$$

式中　L、e、L_0——统计常数；

S——安全性。

安全的第二种功能“增益功能”可用增值函数 $I(S)$ 来表达：

$$I(S)=I\exp\left(-\frac{i}{S}\right)(I>0,i>0) \tag{2-7}$$

式中　I、i——统计常数；

其他符号含义同式（2-6）。

两种收益功能曲线如图2-1所示，安全增值函数 $I(S)$ 是一条向右上方倾斜的曲线，它随着安全性的增加而不断增加，当安全性达到100%时，曲线趋于平缓，其最大值取决于技术系统本身的功能。损失函数 $L(S)$ 是一条向右下方倾斜的曲线，它随着安全性的增加而不断减少。当系统无任何安全性时，系统的损失为最大值（趋于无穷大），即当系统无任何安全性时（$S=0$），从理论上讲损失趋于无穷大，具体值取决于机会因素；当安全性达到100%时，曲线几乎与横坐标相交，其损失达到最小值，可视为零，即当 S 趋于100%时，损失趋于零。

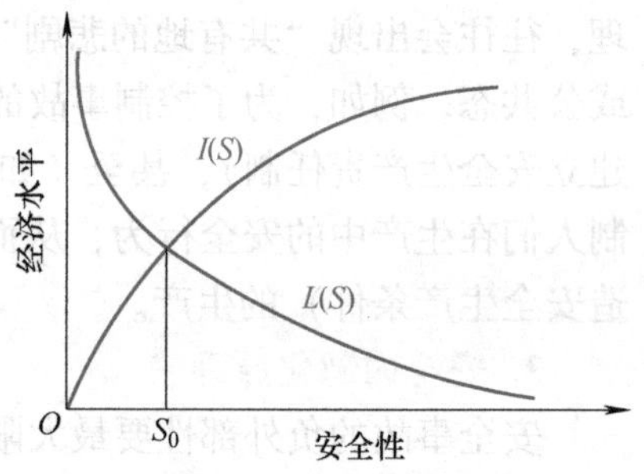

图2-1　安全损失函数和增值函数

损失函数和增值函数两曲线在安全性为 S_0 时相交，此时安全增值与事故损失值相等，安全增值产出与因为事故带来的损失相抵消。当安全性小于 S_0 时事故损失大于安全增值产出，当安全性大于 S_0 时安全增值产出大于事故损失，此时系统获得正的效益，安全性越高，系统的安全效益越好。

2.3.2　安全功能函数

“减损功能”和“增益功能”两种基本功能构成了安全的全部经济功能。用安全功能函数 $F(S)$ 来表达，即将损失函数 $L(S)$ 乘以“－”号后，与增值函数 $I(S)$ 叠加，得出安全功能函数曲线 $F(S)$，如图2-2所示。

$$F(S)=I(S)+[-L(S)]=I(S)-L(S) \tag{2-8}$$

对 $F(S)$ 函数进行分析，可得如下结论：

当安全性趋于零，即技术系统毫无安全保障，系统不但毫无利益可言，还将出现趋于无穷大的负利益（损失）。

当安全性到达 S_L 点，由于正负功能抵消，系统功能

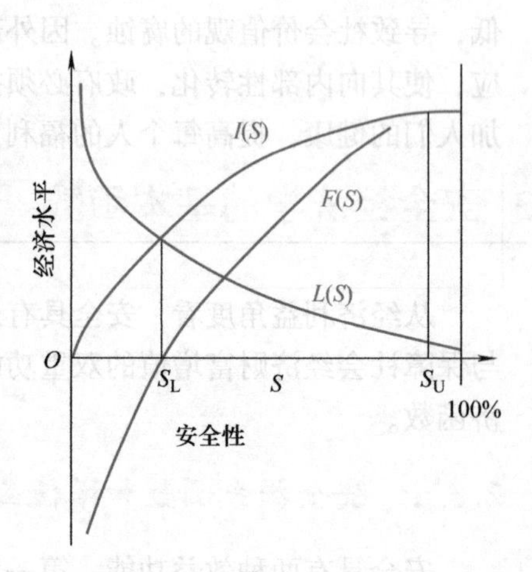

图2-2　安全功能函数

为零，因而 S_L 是安全性的基本下限。当 S 大于 S_L 后，系统出现正功能，并随 S 增大，功能递增。

当安全性 S 达到某一接近 100% 的值后，如 S_U 点，功能增加速率逐渐降低，并最终局限于技术系统本身的功能水平。由此说明，安全不能改变系统本身创值水平，但保障和维护了系统创值功能，从而体现了安全自身价值。

2.3.3　安全成本函数与安全效益函数

安全功能函数反映了安全系统的输出状况。提高或改善安全性需要进行投入，即产生安全成本。并且安全性要求越高，安全成本就越高。从理论上讲，要达到 100% 的安全（绝对安全），所需的投入是趋于无穷大的。由此可推出安全的成本函数 $C(S)$。

$$C(S)=C\exp[c/(1-S)]+C_0(C>0,c>0,C_0<0) \tag{2-9}$$

安全成本函数及效益函数如图 2-3 所示，从中可看出：

1）实现系统的初步安全（较小的安全性）所需成本的是较小的。随着 S 的提高，成本随之增大，并且递增率越来越大，当 S 趋于 100% 时，成本趋于无穷大。

2）当 S 达到接近 100% 的某一点 S_U 时，会使安全的功能与所耗成本相抵消，使系统毫无效益。这是社会所不期望的。

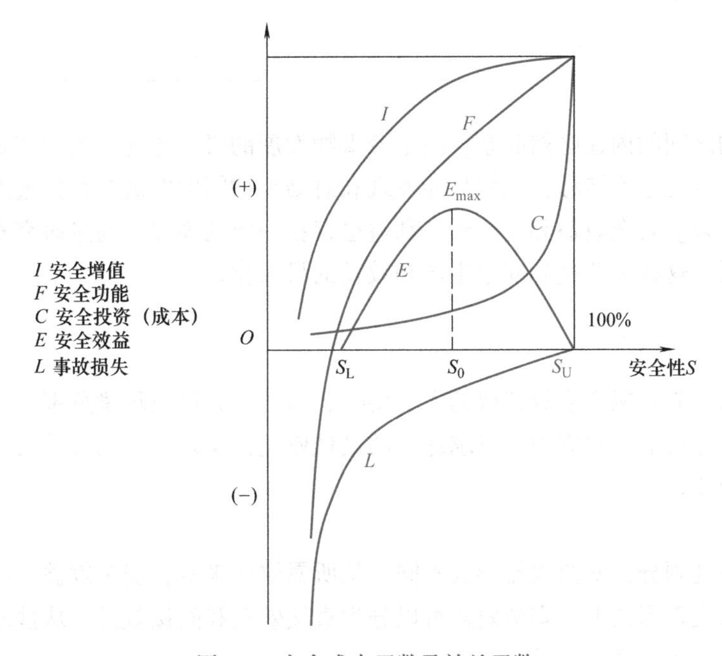

图 2-3　安全成本函数及效益函数

$F(S)$ 函数与 $C(S)$ 函数之差就是安全效益，用安全效益函数 $E(S)$ 来表达：

$$E(S)=F(S)-C(S) \tag{2-10}$$

从图 2-3 可看出，在 S_0 点 $E(S)$ 取得最大值。S_L 和 S_U 是安全经济盈亏点，它们决定了 S 的理论上下限。在 S_0 点附近，能取得最佳安全效益。由于 S 从 $S_0-\Delta S$ 增至 S_0 时，成本增值 C_1 小于功能增值 F_1，因而当 $S<S_0$ 时，提高 S 是值得的；当 S 从 S_0 增至 $S_0+\Delta S$，成本

增值 C_2 大于功能增值 F_2，因而 $S>S_0$ 后，增加 S 就不合算了。

2.3.4　安全负担函数

安全涉及两种经济消耗：事故损失和安全成本。两者之和表明了人类的安全经济负担总量，用安全负担函数 $B(S)$ 表示：

$$B(S)=L(S)+C(S) \tag{2-11}$$

$B(S)$ 反映了安全经济总消耗，如图 2-4 所示。

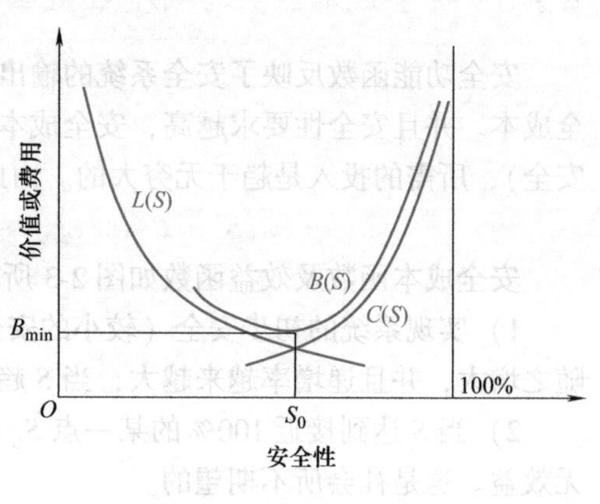

图 2-4　安全负担函数

安全经济最优化的一个目标就是使 $B(S)$ 取最小值。在 S_0 处有 B_{min}，而 S_0 点处安全效益最大，此时的 S_0 点可由下式求得：

$$\frac{dB(S)}{dS}=0 \tag{2-12}$$

以上对几个安全经济特征参数规律进行了分析，意义不在于定量的精确与否，而在于表述了安全经济活动的某些规律，有助于正确认识安全经济问题，指导安全经济决策。

2.4　安全经济学的基本规律

规律是事物之间的内在必然联系，决定着事物发展的必然趋向。规律客观存在，其作用的发生也不以人的意志为转移，人们只能发现和总结事物间的客观规律并遵循它，才能达到预期的目的和效果。安全效益和安全经济利益也存在一定的规律。通过研究安全效益与经济利益规律并遵循，这样才能达到安全生产和效益的最大化。

2.4.1　安全效益规律

安全的目的首先是减少事故造成的人员伤亡、财产损失以及环境危害。人们希望在达到这一目的的同时尽可能省时省力，以求综合的最佳效益，实现系统的最佳安全性，为此需研究安全效益的规律。

1. 安全效益的分类

从不同的角度划分，安全效益形式不同。从所属层次来看，安全效益可以分为微观效益和宏观效益；从表现形式上，安全效益可以分为直接效益和间接效益；从性质上，安全效益可以分为经济效益和非经济效益。

2. 安全效益的基本规律

安全经济学应准确地揭示以上几种安全效益的规律，指导人类获得总体的最佳安全效益。为此，要对安全与经济进行合理调控。宏观上避免只顾局部不顾整体、只顾当前不顾长远效益的现象；微观上既考虑到先进性也考虑到适用性，既考虑到企业自身的、内部的、直接的和经济的效益，也考虑到社会的、外部的、间接的和非经济的效益，使社会总体的安全得到合理的规划和发展，调动各方面安全的积极性，使其达到最佳安全状态。安全效益规律是在安全投入产出中体现的，预防性的“产出投入比”远远高于事故整改的“产出投入比”。

2.4.2　安全经济利益规律

安全经济利益规律是指在实施安全对策的过程中，所发生的人与人、人与社会、个人与企业、社会与企业间的安全经济利益的关系，以及不同条件下的安全经济利益规律。目前，许多企业及个人单纯追求经济利益而导致安全意识淡薄，只有认识到安全经济利益的重要性并遵循安全经济利益规律，才能够树立正确的安全经济意识与实施科学的安全决策。

从空间上分析，安全经济利益有如下层次关系：①以国家或社会为代表的所有者利益，安全与否影响其财富和资金积累，甚至社会稳定；②以企业为代表的经营者利益，安全与否影响其生产资料能力的发挥，以及产品质量与经营效益的得失；③以个人为代表的劳动者利益，安全与否影响本人的生命、健康、智力与心理、家庭及收入的得失。

从时间上分析，安全经济利益一般经历负担期Ⅰ（或称投资无利期）——微利期Ⅱ——持续强利期Ⅲ——利益萎缩期Ⅳ——无利期Ⅴ（失效期）的层次循环，如图 2-5 所示。对安全经济利益进行有效控制和引导，缩短安全的负担期和无利期，延长安全经济利益的持续强利期，使之朝着安全经济利益方向发展，这是研究安全经济利益规律的目标和动力。

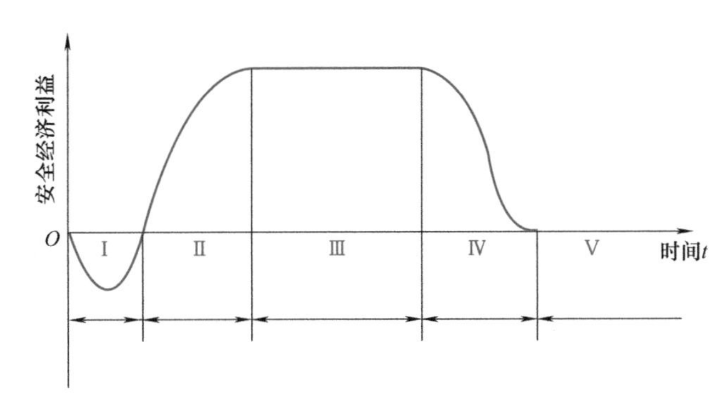

图 2-5　安全经济利益规律

本章小结

作为安全科学与经济学交叉的学科，安全经济学已经发展形成了本学科的核心概念、基本原理、基本规律等，学习掌握基本理论是进行安全生产经济分析的前提和基础。本章明确界定了安全经济学基本专业术语，提出在处理安全与生产、经济社会发展等各方面关系时，要遵循安全与经济双赢原理、安全状态转换原理和安全内部化原理，要学会利用安全损失函数、增值函数、功能函数、成本函数、效益函数等安全经济学基本函数进行安全生产的经济分析，在进行分析的时候注意遵循安全效益规律与安全经济利益规律。

思考与练习

1. 讨论效率、效用、效果及效益之间的区别与联系。

2. 讨论安全收益、安全效益及安全利益之间的区别与联系。

3. 分析安全成本的构成，并思考企业如何控制安全成本。将尽可能降低安全成本作为企业的安全生产目标合理吗？

4. 发展安全与发展经济相矛盾吗？如何实现两者的双赢？

5. 从安全功能的角度，阐述安全对生产的促进作用。

6. 讨论安全成本函数与安全效益函数对企业安全生产决策的指导作用。

7. 安全经济利益具有什么样的规律？思考该规律对实践的指导意义。

第3章 企业安全投资理论与分析

本章学习目的

掌握安全投资的定义、分类，安全投资与安全投入、安全成本的区别
了解安全资金的来源及国家关于安全资金的相关规定
明确安全投资的影响因素
了解安全投资决策工作如何开展
掌握安全投资决策方法

3.1 安全投资概述

3.1.1 安全投资定义

国内关于安全投资理论研究开展得比较晚，尚处于起步和发展阶段，其理论体系还不完善，比较成熟的研究成果较少，尤其是安全投资的概念在理论界还未达成共识。目前关于安全投资的概念主要有以下三种：

1）从成本角度来讲，安全投资是人们为了安全需要付出的成本。从一般意义上讲，安全投资是以追求人的生命安全与健康、生活的保障与社会安定为目的而付出的成本。在安全实践中，安全专职人员的配备，安全与卫生技术措施的投入，安全设施维护、保养及改造的投入，安全教育及培训的花费、个体劳动防护及保健费用，事故援救及预防，事故伤亡人员的救治花费等，都是安全投资。而事故导致的财产损失、劳动力的工作日损失、事故赔偿等，非目的性（提高安全活动效益的目的）的被动和无益的消耗，不属于安全投资的范畴。

2）从费用角度来看，安全投资是指为了提高企业的系统安全性、预防各种事故的发生、防止因工伤亡、消除事故隐患、治理尘毒作业区的全部费用，即为保护职工在生产过程中的安全和健康所支出的全部费用。

以上两个定义是从解决安全问题的角度出发，突出了人力、物力和财力的投资内涵。

3）从过程角度看，安全投资是为达到预期安全收益，投入一定量的货币将其不断转化为资产的经济活动。该定义指出了安全投资的本质是一系列经济活动，包含了把资金投到安全活动中去的内涵。但该定义的目的性不明确，容易使人产生对投资的回报能否达到预期效果的歧义。

萨缪尔森（Paul A. Samuelson）指出投资是为了增加未来产量而放弃目前的消费。从这个意义上讲，安全投资是放弃了资金目前的其他用途，而用于安全活动，目的是提高组织的安全水平，增加产量，获得收益。这样，组织的管理者在将一笔资金用于安全活动的投入时，必须同时满足以下两个条件：①该安全活动是必需的动态活动；②该项投资的收益大于或等于该项投资的机会成本。前者是安全投资活动的前提，是投资的充要条件。如果没有这个前提，该项投资就失去了意义。安全活动不能用静态的观点来衡量，安全问题总是在活动的过程中产生，具有动态特征。后者是安全投资活动衡量的标准，是投资项目获得的收益与其机会成本比较后决策的依据。该项投资的收益不仅指经济收益，同时也包括社会收益和环境收益，这样才能体现安全活动的目的，具体来讲体现为组织的安全活动目标和社会责任。

根据以上分析，本书将安全投资定义为：安全投资是组织为了实现安全活动的既定目标和责任，有效整合各种资源使之转化为资产的创造性的动态经济活动。

对这一定义可做进一步的理解：

1）安全投资的主体是组织。它包括国家与行业管理部门、安全生产监督管理部门和生产经营单位。

2）安全投资的本质是经济活动。更具体地说，安全投资的本质是资源的分配、转化和绩效评价的活动。

3）安全投资的目的是实现组织安全活动的既定目标和责任。组织安全活动的既定目标和责任是由组织要生存和发展的要求决定的。组织要生存和发展必须保证安全，为此所从事的一切活动必须预先制定一系列的安全目标，根据组织在社会中的地位实践其社会责任。

4）安全投资具有动态性。这主要表现在这类活动随着组织活动的变化，不断产生新的安全问题，也就要求不断进行安全投资活动。因此，安全投资是现实实践中的操作。

5）安全投资的另一个特性是其创造性。安全投资的创造性是由其动态性决定的。安全投资既然是动态的活动，对每一次具体的安全投资就没有一种唯一的完全有章可循的投资模式，因此，要实现安全活动的既定目标和责任，就需要一定的创造性。正因为安全投资是一项创造性活动，才会有安全投资的成功与失败，才表现出安全投资的风险性。

6）安全投资的内容是整合组织的各种资源使之转化为资产。各种资源包括人力、物力和财力资源。安全活动本身就是人流、物流、能量流和信息流的协调运作。安全投资所整合的各种资源都可以用货币来度量。这些资源的整合结果转化为资产，包括有形资产和无形资产。有形资产包括实现可量化的安全生产目标、产出的增长，以及人身伤亡、职业病、经济损失和其他损失的减少；无形资产包括实现不可量化的安全生产目标、作业环境的改善、环境保护，以及组织形象、信誉、竞争力的提高和从业人员综合素质的提高等。

3.1.2 安全投资的分类

研究安全投资的类别对于科学利用和管理安全资金，提高其效率和效益有着重要的作用。根据不同的目的，学者们对传统的安全投资给出了不同的分类方法。

1. 按投资的作用划分

1）预防性投资。预防性投资包括安全措施费、防护用品费、保健费、安全奖金等超前预防性投入。

2）控制性投资。控制性投资包括事故营救、职业病诊治、设备（或设施）修复等。

2. 按投资的时序划分

1）事前投资。事前投资是指在事故发生前所进行的安全投入。

2）事中投资。事中投资是指事故发生中的安全消费，如事故或灾害抢救、伤亡营救等事故发生中的投入费用。

3）事后投资。事后投资是指事故发生后的处理、赔偿、治疗、修复等费用。

3. 按投资所形成的技术“产品”划分

1）硬件投资。硬件投资是指按投资所形成的技术“产品”为硬件的相关投入。

2）软件投资。软件投资是指按投资所形成的技术“产品”为软件的相关投入。

4. 按安全工作的专业类型划分

按安全工作的专业类型划分，有安全技术投资、工业卫生技术投资、辅助设施投资、宣传教育投资（含奖励费用）、防护用品投资、职业病诊治费、保健投资、事故处理费用、修复投资等。

5. 根据投资在组织活动的作用划分

1）基础性安全投资。基础性安全投资是指保证组织活动正常进行的基本投资活动，也可称之为基础投资。在实践中基础性安全投资一般转化为组织的有形资产。主要表现为组织的基本设施、设备、材料、动力、人力、技术、工艺，安全工程“三同时”要求的安全设施、设备、仪器、仪表、工具以及它们的维修和保养等所需要的投资。

2）提高性安全投资。提高性安全投资是指组织为提高组织的安全水平，预防和控制事故、职业危害、经济损失和其他损失的投资活动。在实践中提高性安全投资转化为有形资产和无形资产，主要包括安全科学技术研究投资、安全管理投资、设备安全技术投资、工业卫生技术投资、安全辅助设施投资、宣传教育培训投资、个体防护用品及保健投资等。

6. 按投资项目划分

1）安全技术措施费用。安全技术措施费用包括生产设备、设施的安全防护装置，生产区域安全通道与标志等所需的费用。

2）卫生措施费用。卫生措施费用包括生产环境有害因素治理以及为改善劳动条件的设施所需的费用。

3）安全教育费用。安全教育费用包括编印安全技术、劳动保护书刊、宣传品，购置电化教育所需设备，设立安全教育室，举办安全展览会、安全教育训练活动等所需费用。

4）劳动保护用品费用。劳动保护用品费用是指为保护职工在生产过程中不受各种伤害所必备的个体防护用品所需的费用。

5）日常安全管理费用。日常安全管理费用主要包括企业安全管理部门安全专职人员的配备、日常办公等所需的费用。

3.1.3 安全投资与安全投入、安全成本的区别

安全投入是指企业为保障生产经营活动的正常开展，更好地实现企业经营目标而将一定

资源投放到安全领域的一系列经济活动和资源的总称。既指企业安全生产所进行的一系列活动，又可以是投入到安全活动中的资源（包括人力、物力、财力和时间等）。其目的是提高安全生产水平，其投入内容是企业一切可以调动的资源与劳务。

安全投资是指为了提高企业的系统安全性、预防各种事故的发生、防止因工伤亡、消除事故隐患、治理尘毒作业区的全部费用，即为保护职工在生产过程中的安全和健康所支出的全部费用。理论上，企业的一切资源及劳务都可以货币化，使之以资金的形式显现，因此，安全投资是安全投入的货币化形式。

安全成本是在一定的技术经济条件之下，在基准的安全标准之下，与安全有关的费用总和。安全成本包括安全投入（又称预防成本）和事故损失（又称事故成本）两部分。事故导致的财产损失、劳动力的工作日损失、事故赔偿等，非目的性（提高安全活动效益的目的）的被动和无益的消耗，则不属于安全投资的范畴。

安全投入、安全成本和安全投资有密不可分的联系，但它们之间也有区别。安全投入是预想达到的，是根据上年度的安全状况而定的，如维修、劳防用品投入等。安全投入是从安全产出的角度来表征安全经济活动，安全成本是从消耗的角度来表征安全经济活动；安全投资是从资金运动角度来表征安全经济活动的，安全成本则不仅仅包括了安全投入还包括了事故损失的部分。

3.1.4 研究安全投资的意义

安全生产是促进社会经济持续发展的基本条件，关系着人民群众的生命财产安全。自改革开放后，我国非公有制经济迅猛发展，中小企业大量增加，然而在对国民经济做出巨大贡献的同时，一些中小企业忽视了安全投入，安全生产管理落后，重特大事故屡有发生，安全生产形势依然严峻。在这一背景下，研究安全投资的意义、作用在于：

1）研究、揭示安全投资的规律，对促进安全生产工作、安全科学技术的发展具有重要意义。安全投资多与少的问题、绝对量和相对量的确定问题、制约安全投资的因素问题、安全投入的原则和依据问题、安全投资的合理分配问题、安全投资的方向和重点问题、安全投资的负担主体确定的问题，等等，都需要深入研究和探讨。

2）研究安全投资是研究国民经济与社会发展的需要：①其研究内容包括安全投资与国民经济和社会发展的相互关系；②安全投资说到底是资源的分配问题，如何分配、怎样分配、效果如何等；③安全投资状况和水平是一个国家经济发展和社会进步的重要标志。

3）研究安全资源的合理投入，是提高安全资源利用效率和安全经济效益的前提。加强安全投资以后，有效控制了不安全因素，加强了安全管理，减少了伤亡事故的发生，保证了生产经营活动的正常运行，从而使得生产经营性的投入不受损失，实现了产品质量及产量的提高、成本及原材料的降低和能源节约的高效益。这实质上是安全投资所产生的经济效益。

4）研究安全投资，明确安全投资的综合效益，可以提高社会整体的安全投入意识，提升整个社会的安全防范能力。安全事故的频发、恶劣的工作环境、安全事故出现之后故意逃避责任等现象，凸显出人们安全投入意识的薄弱。

3.2 安全资金来源分析

3.2.1 安全资金的来源

由于企业生产的根本目的在于追求经济利润，在企业资源紧张的情况下，安全投入往往更会被搁置一旁。但不进行安全投入，企业的安全生产就没了保障。在这种情况下，就需要拓宽安全资金的投入渠道。

以前我国的经济体制主要是计划经济，因而安全投资也有明显的计划性。传统的安全投资来源主要有如下五种：

1）国家在工程项目中的预算安排，包括安全设备、设施等内容的预算费用。

2）国家劳动部门给企业下拨的安全技术专项措施费。

3）企业按年度提取的技术设施的更新改造费用（国务院曾于 1979 年规定“企业每年在固定资产更新和技术改造费中提取 10% ~20% （矿山、化工、金属冶炼企业应大于20%）用于改善劳动条件。”但是，在 1993 年新的会计制度实行后，这一规定被取消）。

4）生产性费用中用于支付安全或劳动保护的费用。

5）企业从利润留成或福利中提取的保健、职工人身保险费用。

随着我国经济体制向社会主义市场经济运行机制的转变，安全投入资金的筹集方式和渠道也发生了变化。新的安全投资来源主要有以下五种：

1）按照将用于安全的固定资产进行每年折旧的方式，来筹措当年安全技术措施费。

2）根据产量（或产值）按比例提取安全资金。

3）征收事故或危害隐患源罚金。

4）工伤保险基金的提取。

5）按需投入。在部分企业中，没有设立专门的安全生产专项经费，而是根据实际需要情况进行拨款，款项来源基本是利润或企业的流动资金。这类没有安全投入预算，属于经验型的随机投入。

3.2.2 国家关于安全资金的相关规定

1.《中华人民共和国安全生产法》的相关规定

《中华人民共和国安全生产法》（以下称《安全生产法》）是为了加强安全生产监督管理，防止和减少生产安全事故，保障人民群众生命和财产安全，促进经济发展而制定的。由中华人民共和国第九届全国人民代表大会常务委员会第二十八次会议于 2002 年 6 月 29 日通过公布，自 2002 年 11 月 1 日起施行。本法施行后，对于加强安全生产监督管理、预防和减少生产安全事故、保障人民群众生命和财产安全，发挥了重要作用。

2014 年 8 月 31 日第十二届全国人民代表大会常务委员会第十次会议通过修改《安全生产法》的决定。新的《安全生产法》自 2014 年 12 月 1 日起施行。

《安全生产法》将安全投入列为保障安全生产的必要条件之一，从三个方面做出了严格的规定。

（1）**生产经营单位安全投入的标准**

《安全生产法》第二十条规定，生产经营单位应当具备的安全生产条件所必需的资金投入，由生产经营单位的决策机构、主要负责人或者个人经营的投资人予以保证，并对由于安全生产所必需的资金投入不足导致的后果承担责任。

（2）**安全投入的决策和保障**

有了符合安全生产条件所需资金投入的标准，还要通过决策予以保障。为了解决谁投入的问题，《安全生产法》第二十条规定，有关生产经营单位应当按照规定提取和使用安全生产费用，专门用于改善安全生产条件。安全生产费用在成本中据实列支。安全生产费用提取、使用和监督管理的具体办法由国务院财政部门会同国务院安全生产监督管理部门征求国务院有关部门意见后制定。

（3）**安全投入不足的法律责任**

进行必要的安全生产资金投入，是生产经营单位的法定义务。由于安全生产所需资金不足导致的后果，即有安全生产违法行为或者发生生产安全事故的，安全投入的决策主体将要承担相应的法律责任。《安全生产法》第九十条规定，生产经营单位的决策机构、主要负责人或者个人经营的投资人不依照本法规定保证安全生产所必需的资金投入，致使生产经营单位不具备安全生产条件的，责令限期改正，提供必需的资金；逾期未改正的，责令生产经营单位停产停业整顿。有前款违法行为，导致发生生产安全事故的，对生产经营单位的主要负责人给予撤职处分，对个人经营的投资人处二万元以上二十万元以下的罚款；构成犯罪的，依照刑法有关规定追究刑事责任。

2.《企业安全生产费用提取和使用管理办法》相关规定

2012年2月14日，国家财政部、国家安全生产监督管理总局联合下发《企业安全生产费用提取和使用管理办法》（以下简称《办法》），在这之前使用的《关于调整煤炭生产安全费用提取标准加强煤炭生产安全费用使用管理与监督的通知》（财建〔2005〕168号）、《烟花爆竹生产企业安全费用提取与使用管理办法》（财建〔2006〕180号）和《高危行业企业安全生产费用财务管理暂行办法》（财企〔2006〕478号）予以废止。

与之前的相关办法比较，新办法进一步完善了安全生产费用财务管理制度，扩大了适用范围，提升了安全生产费用提取标准。

（1）**扩大了政策的适用范围**

将需要重点加强安全生产工作的冶金、机械制造和武器装备研制三类行业纳入了适用范围，同时拓展了原非煤矿山、危险品生产、交通运输行业的适用领域，如非煤矿山行业中增加了煤层气开采等。即《办法》适用于在中华人民共和国境内直接从事煤炭生产、非煤矿山开采、建设工程施工、危险品生产与储存、交通运输、烟花爆竹生产、冶金、机械制造、武器装备研制生产与试验（含民用航空及核燃料）的企业，以及其他经济组织。

（2）**提高了安全生产费用的提取标准**

与原管理办法相比，煤炭企业的安全生产费用提取标准大幅提升，吨煤升幅高达67%~275%不等。建设工程施工企业以建筑安装工程造价为计提依据，提取标准为：矿山工程为2.5%；房屋建筑工程、水利水电工程、电力工程、铁路工程、城市轨道交通工程为2%；市政公用工程、冶炼工程、机电安装工程、化工石油工程、港口与航道工程、公路工程、通信工程为1.5%。建设工程施工企业提取的安全费用列入工程造价，在竞标时，不得删减，列入标外管理。国家对基本建设投资概算另有规定的，从其规定。

（3）**安全费用的使用范围扩大并细化**

在《办法》中，安全费用的使用不再局限于安全生产设施，而是增加了一些安全预防性的投入和预防职业危害、减少事故损失等方面的支出。

《办法》规定，企业应当加强安全费用管理，编制年度安全费用提取和使用计划，纳入企业财务预算。企业提取的安全费用应当按照统一的会计制度规定单独核算，按照《办法》规定的范围安排使用，不得挤占、挪用。年度结余资金结转下年度使用，当年计提安全费用不足的，超出部分按正常成本费用渠道列支。

为防止个别企业出现安全费用过多的结余，《办法》规定，中小微型企业和大型企业上年末安全费用结余分别达到本企业年度营业收入的 5% 和 1.5% 时，经当地县级以上安全生产监督管理部门、煤矿安全监察机构商财政部门同意，企业本年度可以缓提或者少提安全费用。

3.《工伤保险条例》的相关规定

国务院第 136 次常务会议修订通过《工伤保险条例》，于 2011 年 1 月 1 日起施行。第十条规定，用人单位应当按时缴纳工伤保险费，职工个人不缴纳工伤保险费，用人单位缴纳工伤保险费的数额为本单位职工工资总额与单位缴费费率之积。

第十二条规定，工伤预防费用的提取比例、使用和管理的具体办法，由国务院社会保险行政部门会同国务院财政、卫生行政、安全生产监督管理等部门规定；任何单位或者个人不得将工伤保险基金用于投资运营、兴建或者改建办公场所、发放奖金，或者挪作其他用途。

4. 安全生产责任保险的相关规定

2006 年公布的《国务院关于保险业改革发展的若干意见》提出，首先在煤炭行业尝试开展强制责任保险。而高危行业全面开展安全生产责任保险则是在 2009 年 7 月 20 日，国家安全生产监督管理总局发布《关于在高危行业推进安全生产责任保险的指导意见》，提出充分利用保险的风险控制功能和社会管理功能，在高危行业中大力推进安全生产责任保险。

《关于在高危行业推进安全生产责任保险的指导意见》指出以下有关内容：

（1）**参保企业及保险范围**

原则上要求煤矿、非煤矿山、危险化学品、烟花爆竹、公共聚集场所等高危及重点行业推进安全生产责任保险。

（2）**保额的确定与调整**

由各省（区、市）根据本地区的经济发展水平和安全生产实际状况分别制定统一的保额标准。目前，原则上保额的低限不得小于 20 万元/人。

（3）**费率的确定与浮动**

首次安全生产责任保险的费率可以根据本地区确定的保额标准和本地区、行业前三年生产安全事故死亡、伤残的平均人数进行科学测算。各地区、行业安全生产责任保险的费率根据上年安全生产状况实行一年浮动一次。具体费率执行标准及费率浮动办法由省级安全监管部门和煤矿安全监察机构会同有关保险机构共同研究制定。

（4）**处理好安全生产责任保险与风险抵押金的关系**

安全生产风险抵押金是安全生产责任保险的一种初级形式，在推进安全生产责任保险时，要按照国务院国发〔2006〕23 号文件要求继续完善这项制度。原则上企业可以在购买安全生产责任保险与缴纳风险抵押金中任选其一。已缴纳风险抵押金的企业可以在企业自愿的情况下，将风险抵押金转换成安全生产责任保险。未缴纳安全生产风险抵押金的企业，如果购买了安全生产责任保险，可不再缴纳安全生产风险抵押金。

（5）有关保险险种的调整与转换

安全生产责任保险与工伤社会保险是并行关系，是对工伤社会保险的必要补充。安全生产责任保险与意外伤害保险、雇主责任保险等其他险种是替代关系。生产经营单位已购买意外伤害保险、雇主责任保险等其他险种的，可以通过与保险公司协商，适时调整为安全生产责任保险，或到期自动终止，转投安全生产责任保险。

3.3 安全投资的影响因素分析

3.3.1 影响安全投资的宏观因素分析

1. 经济发展水平对安全投资的制约

经济发展水平是影响安全投资绝对量和相对量的主要因素。一个国家、行业或部门能将多少资源投入人们的安全保障中，归根到底是受社会经济发展水平制约的。在经济比较落后的地区或时期，人们只能顾及基本的生理需要，因而把精力及资金主要放在如何满足生活的基本需求上，而安全、健康被放在次要的地位。随着经济的发展及人民生活水平的逐步提高，一方面科学技术和经济条件提供了基础保证；另一方面人们心理和生理对安全与健康的要求也在随之提高，这就使得对安全的投资会随之增大。

2. 社会及政治因素对安全投资的制约

一定社会条件下的安全是受该社会的政治制度和经济制度制约的。一个国家或地区的安全投资规模，也受政治制度和政治形势，乃至政治决策人对安全的重视程度等因素的制约。我国的政治制度决定了国家机构的重要职能是在发展生产的基础上，不断满足人民的物质和文化的需要。提高人民生产和生活的安全与健康水平，关心和重视劳动保护事业是党和政府的工作宗旨之一。我国政府应该在经济条件允许的基础上，尽最大可能地保障安全投入。

3. 科学技术发展水平对安全投资的制约

科学技术对安全投资的制约，一方面是由于科学技术的发展制约经济的发展，使安全的经济基础受到制约；另一方面，科学技术的水平决定了安全科学技术的水平。如果安全科学技术的发展客观上对经济的消耗是有限的，则安全的投资应符合这一客观的需求，否则，过大的投入将会造成社会资源的浪费。

4. 生产技术对安全投资的制约

生产的客观需要决定了安全的发展状况和水平。在不同的生产技术条件下，对安全的要求是不一样的，这就决定了安全的投资必须符合生产技术的客观需要。安全经济学的重要任务之一是寻求安全经济资源的最有效利用，因此，根据不同的生产技术要求，执行不同的安全投资政策，这是安全经济学应探讨和解决的问题。

3.3.2 影响安全投资的微观因素分析

1. 企业的自身因素影响安全投资

一个企业在进行安全生产投入时，首先要购买大量的安全设备和设施，只有这些安全设备和设施经过安装并投入运行后，增加的安全生产投入才能发挥作用并形成安全产出。因此，在进行安全生产投入的初始时期，由于安全产出为零，而安全生产投入需要事先进行，此时的安全经济效益是负的。在安全设备和设施投入运行后，随着新增可变投入的增加，安全产出也逐步增加，并且表现出明显的规模经济。由此可见，安全产出是以投入大量的固定资本为前提的，这些固定资本需要一次性投入。没有这些安全设施和设备，即使在其他安全生产投入项目上进行了大量的投资，也难以取得足够的安全效益。但是对于很多中小企业来说，购买这些安全设备和设施，或者占其资本的比重过高，或者相对于能够取得的安全产出，其成本过高。由于安全生产投入的规模经济效应，中小企业在安全生产投入上面的单位经济效益也远低于大企业。因而，中小企业进行安全生产投入的积极性和能力都要低于大企业。

2. 安全的特性影响安全投资

（1）安全产出的不确定性与安全投资

在作为固定资产的安全设施设备投入运行后，企业安全产出是逐步递增的，并最终达到最大值。但是，企业的安全产出不仅仅取决于投入状况，还取决于企业原有安全生产投入状况、行业个体差异、自然条件和环境等因素。如果企业安全生产的自然条件很差，那么企业安全生产投入的效果就存在很大的不确定性，企业必须要有很大的安全生产投入，才能获得相对很少的安全产出。这时候生产安全的可控性就比较差，很可能进行了相当大程度的安全生产投入，最终还是发生了安全事故。换言之，安全生产的不确定性降低了安全生产投入的经济效益，相同的安全生产投入水平在不同的不确定性条件下经济效益有所差异，不确定性越大，安全生产投入经济效益就越低。因此，在企业安全生产条件存在很大不确定性的情况下，根据边际安全产出等于边际生产活动的产出原则，规避风险的理性经营者就可能转而将资金投入到可控性相对较高的生产经营活动中，从而减少安全生产投入，甚至在安全生产投入的产出完全不可控时，根本就不进行安全生产投入。

（2）安全生产事故外部性内部化的程度影响安全生产投入

严重的安全生产事故不仅会导致企业生产设施和财产损失，而且会导致人员的伤亡，甚至环境的破坏。物质损失是可以用货币计量的，而人的生命安全和环境则是无价的。一旦企业对人员伤亡和环境破坏所做的赔偿远远低于人的生命安全和环境的真正价值，企业安全生产事故就会产生严重的负外部性，即相当大一部分原本应由企业承担的安全生产成本却由社会来承担了。因此，企业安全生产事故的外部性能否内部化，以及内部化程度如何，会影响企业安全生产投入的数量。这就意味着，调节企业的人员伤亡赔偿和环境污染罚款的数额，可以影响企业的安全损失程度，进而影响企业的安全减损产出和经济效益。如果降低企业对人员伤亡和环境破坏的赔偿和罚款金额，将会导致企业安全损失减少，从而使得安全生产投入的减损产出减少，安全效益降低，这就会动摇经营者进行安全生产投入的积极性；相反，大幅提高企业对人员伤亡和环境破坏的赔偿和罚款金额，将会导致企业安全生产投入的减损产出增加，安全经济效益大幅提高，从而提高经营者增加安全生产投入的积极性。

3. 企业经营管理者影响安全生产投入

在企业日常经营活动中，安全生产投入对生产经营起着保障作用，但同时两者之间也存在矛盾。在企业可得的资金一定的情况下，投到安全生产方面的资金多一些，那么投到生产经营方面的资金就会少一些；企业用于安全生产的费用多一些，成本就会高一些，直接生产效率就可能会受到影响。而且，安全生产投入的产出效应具有滞后性和潜在性，需要在投入实施一定的时期以后才能够发挥作用。这时候，如果企业经营者的任期较长，他就可以在整个任期内综合考虑安全生产投入和生产经营的效益，合理安排安全生产投入水平，均衡分摊安全生产成本，以保证其任期内各种投入能够实现最大的综合效益。如果企业经营者的任期较短，或者任期具有很大的不确定性，这时经营者可能会从任期内投入效益最大化的角度来思考，就会尽量减少产出具有滞后性的安全生产投入，增加生产经营方面的投入，从而导致安全生产投入水平不能达到应有的程度，给长期的安全生产带来隐患。

3.4 安全投资决策工作

3.4.1 安全投资决策依据

安全投资与一般的经营性投资不同。它不能以单纯追求最大的经济效果为目标，而是应该在适当照顾经济效果的基础上尽量实现系统的安全性最优。这主要是因为：在一定的安全投资数量范围内，经济效果最好的决策与使系统安全性达到最佳的决策很可能不一致。当安全投资数额已确定时，一般以达到系统安全性最佳为决策目标；而当安全投资未定（需要决策确定）时，则要综合考虑经济性指标和社会指标，即所谓的经济效果与社会效果相统一。

3.4.2 安全投资决策中应注意的问题

目前，我国安全生产的形势仍十分严峻，事故频发，职业危害严重，不仅造成重大经济损失，而且在一定程度上影响了社会的安定。合理进行安全投资，实现企业本质安全，是建立企业安全生产长效机制的有效途径之一，对社会生产的良性发展起着至关重要的作用。在安全投资决策中应注意以下几个问题。

1. 资料的收集

决策前需要掌握足够的第一手资料，信息必须是可靠的。在进行决策之前搜集所需的资料，并进行调查研究与分析。

2. 选择合适的决策人

必须明确决策人是指哪些人，并让决策人明确其地位、作用和应担负的责任。

3. 选择合适的决策方法

（1）目标决策法

所谓目标决策法，主要是根据现实需要和约束，采用系统分析方法确定系统的发展方向和目标，研究达到总目标应采取的措施和手段，并估计达到目标的可能时间和顺序。在决策过程中采用目标决策法，有助于把预测和决策合为一体，把定性分析和定量分析合为一体，把数字模型和专家的直观判断合为一体。

（2）条件决策法

与目标决策法相反，条件决策法是首先摸清和熟悉企业的基本情况，然后根据条件确立要改善的目标。这就需要先做好大量调查研究的基础工作，其中包括对决策执行者的决策、协调和实现能力的调查研究。为此，条件决策法使用效果较好，目标实现的可能性较大，工作进程的预测性也较大，且比较经济、有效。

4. 决策的反馈

如同任何其他决策一样，安全投资决策也必须在使用后有所反馈，以得到实际效果的信息，决定是否继续采用、改进、补充。

反馈需作为决策任务的一部分明确规定，列出其程序、方法、内容和负责部门或负责人。一般来说，反馈应在决策第一次使用后即进行，此后也要继续进行，以便情况有所变化时可得到不同的反馈，得以及时修正决策。

5. 决策的有序性、系统性、全面性和时效性

所谓有序性，是指决策中轻重有序、主次分明、工作任务排列合理。所谓系统性，是指决策时需充分了解系统内外各子系统、要素之间的关系，掌握其变化规律，以便在系统状态发生变化时能够及时有效地予以调整。所谓全面性，是指决策必须了解全面、考虑周全，不可以顾此失彼。所谓时效性，是指既要注意短期效应，也要注意长期效应，使其时效性始终保持在良好状态。

6. 决策中的安全要点

1）在决策中明确提出了包括决策本身在内的各项管理活动和有关活动的安全性能要求（如研究设计、保险、救助等）。

2）尽可能提出多重或双重有效防护措施和应急救助措施。

3）设立有效的反馈监察职能和定期反省检查制度。

4）有自知之明，对可能的事故等负效应有充分估计并做好预防性准备。

5）设立并保持强大的修正更改能力，在修正更改过程中能够保持稳定。

3.4.3 安全投资决策程序

安全投资决策程序是指在安全投资决策过程中要经过的几个阶段或者步骤。安全投资决策不同于一般项目的决策程序，最重要的是确定投向和投入力度。

一个安全投资项目，通常它的决策程序可以划分为五个阶段，即提出项目建议书（投资项目立项）阶段、可行性研究阶段、项目评估决策阶段、项目监测和反馈阶段和项目后评价阶段。

1. 安全投资项目立项阶段

这一阶段的实质就是确定安全投资目标，这是整个决策过程的出发点和归宿。决策者（集体）通过对企业安全环境的分析与预测，发现和确定问题，针对问题的表现（其时间、空间和程度）、问题的性质（其迫切性、扩展性和严重性）、问题的原因，构想通过投资实现解决问题的目标。

2. 可行性研究阶段

这一阶段实际上可以再分为信息处理和拟订方案两个方面。信息处理就是要弄清楚各方面的实际情况。广泛搜集整理有关文献资料，并进行科学的预测分析，在信息处理基础上，针对已确定的目标，提出若干个实现预定目标的备选方案。为实现目标，在拟定每一备选方案时，必须注意以下三点：①方案可行性；②方案的多样性；③方案的层次性。

第一阶段确定的目标，由于信息量有限，可能不全面、不合适，要根据第二阶段的分析结果不断修正第一阶段的目标。

3. 项目评估决策阶段

第三阶段主要是对第二阶段的投资方案进行综合性的评定和估算，进行项目评估必须先确定评价准则，然后对各个方案实现目标的可能性和各个方案的费用和效益做出客观的评价，提出方案的取舍意见。由决策者（集体）权衡、确定最终投资方案，并付诸实施。

4. 项目监测和反馈阶段

安全投资项目进入建设实施阶段，在这一过程中需要对项目进行监测，若发现方案有问题，要及时进行信息反馈，对原有方案提出修正，使项目沿着预定的方向发展。

5. 项目后评价阶段

安全投资项目建成投产运营一段时间后，在项目各方面情况较为明朗的情况下，对项目进行全面的分析评价，不断总结经验，提高决策水平。

3.4.4 安全投资投向的确定

安全投资视内容不同，主要可分为五个投向：安全技术措施投资、工业卫生措施投资、安全教育投资、劳动保护用品投资、日常安全管理投资。这五个方面的安全投资因素分别地和协同地从不同的角度影响着安全投资的效益，形成一个安全投资效益系统。在这个系统中，各安全投资因素与安全投资效益关系非常复杂，等额安全投资由于在各个因素之间分配比例不同，其投资效益差异较大。人们希望通过定量方法，准确地认识安全投资因素中，哪些是影响投资效益的主要方面，即寻找影响安全投资效益的安全投资敏感因素，以便为确定正确的安全投资方向决策提供依据。只有弄清楚系统或因素间的这种关联关系，才能对系统有比较透彻的认识，分清哪些是主导因素，哪些是次要因素，为进行系统分析、预测、决策、研究打好基础。

五个安全投资因素与安全投资效益之间的相互关系是非常复杂的，尤其是事故发生的随机性，更容易混淆人们的直觉，因而难以分清哪些因素与安全投资效益关系相对密切，哪些关系相对不密切。

3.4.5 安全投资合理度的确定

经济效益和社会效益的统一，促进经济增长和社会发展目标的实现，应成为确定安全投资量是否合理的基本原则。安全经济投资占国民收入（或国民生产总值）合理比例的确定，应以经济增长率既定目标作为首要的依据。安全的发展目标只有与社会和经济的发展目标同步协调，与国民经济各部门保持综合平衡，在社会经济总目标的协同下有计划、按比例地发展，才能更好地、合理地确定出安全投资的合理比例，从而实现经济效益和社会效益的统一。

依据上述原则，安全投资合理比例的确定，可采用如下几种方法：

（1）**系统预推法**

系统预推法是在预测未来经济增长和社会发展目标实现的前提下，经过系统分析和系统评价，并在进行系统的目标设计和分解的基础上，推测确定安全经费的合理投资量。

（2）**历史比较法**

这种方法即是根据本地区、本行业或本企业的历史做法，选择比较成功和可取年份的方案作为未来安全投资的基本参考模式，在考虑未来的生产量、技术状况、人员素质状况、管理水平等影响因素的情况下，兼顾货币实际价值变化的条件，对未来的安全投资量做出确切的定量。

（3）**国际比较法**

一个国家安全投资总额及其在国民经济各项指标中所占比重是否适宜，可与世界各种类型国家在不同时期和条件下的安全投资水平进行比较研究，从而获得参考，指导其本国或同类型行业的安全投资决策。

3.5 安全投资决策方法

3.5.1 “利益-成本”分析决策方法

1. 基本理论和思想

根据经济学理论，安全经济效益有两种具体表现方式。

1）用“利益”的概念来表达安全的经济效益：

$$\text{安全经济效益 } E = \frac{\text{安全产出量 } B}{\text{安全投入量 } C} \tag{3-1}$$

2）用“利润”的概念来表达安全的经济效益：

$$\text{安全经济效益 } E = \text{安全产出量 } B - \text{安全投入量 } C \tag{3-2}$$

说明：

1）以上两种都表明安全产出和安全投入两大经济要素具有相互联系、互相制约的关系。没有它们就谈不上什么安全经济效益，因此，评价安全经济效益，这两大经济要素缺一不可。

2）第一种表达式表明了每一单位劳动消耗所获得的符合社会需要的安全成果。

3）安全经济效益的数值越大，表明安全活动的成果量越大，所以安全经济效益是评价安全活动总体的重要指标。安全经济效益与安全的劳动消耗（安全投入量）之积，便是安全的成果（安全产出量），而当这项成果的价值大于它的劳动消耗时，这个乘积便是某项安全活动的全部经济效益。这种结果和经济效益的概念是完全一致的。

“利益-成本”分析决策方法是以安全利益（利益成本比）的大小为方案优选依据的一种决策方法。在安全投资决策中利用“利益-成本”分析方法，最基本的工作是把安全措施方案的利益值计算出来。

2. 基本思路

（1）**计算安全方案的效果**

安全方案的效果 R 计算公式如下：

$$R = \text{事故损失期望 } U \times \text{事故概率 } P \tag{3-3}$$

（2）**计算安全方案的利益**

安全方案的利益计算方法如下：

$$B = R_0 - R_1 \tag{3-4}$$

（3）**计算安全方案的效益**

安全效益的计算方法如下：

$$E = \frac{B}{C} \tag{3-5}$$

式中　C——安全方案的投资。

这样，安全方案的优选决策步骤为：

1）用有关危险分析技术，如FTA（故障树分析）技术，计算系统原始状态下的事故发生概率 P_0。

2）用有关危险分析技术，分别计算出各种安全措施方案实施后的系统事故发生概率 $P_1(i)$，$i=1$，2，…。

3）在事故损失期望 U 已知的情况下，计算安全措施前的系统事故后果：

$$R_0 = UP_0 \tag{3-6}$$

4）计算出各种安全措施方案实施后的系统事故效果：

$$R_1(i) = UP_1(i) \tag{3-7}$$

5）计算系统各种安全措施实施后的安全利益：

$$B(i) = R_0 - R_1(i) \tag{3-8}$$

6）计算系统各种安全措施实施后的安全效益：

$$E(i) = \frac{B(i)}{C(i)} \tag{3-9}$$

7）根据 $E(i)$ 值进行方案优选最优方案——$\mathrm{Max}E(i)$。

3. "利益-成本"分析决策实例

例3-1　某企业利用安全综合措施改进其作业安全水平，初步设计了三种方案，已知条件见表3-1，试根据事故控制水平及其投资效益对方案进行优选。顶事件概率 $P_0 = 0.05$。

表3-1　各方案列表

方　案	顶事件概率	所需投资（万元）
方案1	0.030	1
方案2	0.040	1.2
方案3	0.035	1.1

不同伤害程度与发生频率的关系见表3-2。

表3-2　不同伤害程度与发生频率的关系

不同伤害程度	轻　伤	重　伤	死　亡
严重度 U_i	1	60	7500
频率 $f(i)$	100	30	1

解：

1）求事故期望。

$$U = \sum U_i f(i) = 1 \times 100 + 60 \times 30 + 7500 \times 1 = 9400$$

2）可得系统原始状态下（改进前）的事故后果。

$$R_0 = UP_0 = 9400 \times 0.05 = 470$$

3）计算出三种安全措施方案实施后的系统事故效果。

$$R_1(i) = UP_1(i)$$

$$R_1(1) = UP_1(1) = 9400 \times 0.03 = 282$$

$$R_1(2) = UP_1(2) = 9400 \times 0.04 = 376$$

$$R_1(3) = UP_1(3) = 9400 \times 0.035 = 329$$

4）计算系统各种安全措施实施后的安全利益。

$$B(i) = R_0 - R_1(i)$$

$$B(1) = R_0 - R_1(1) = 470 - 282 = 188$$

$$B(2) = R_0 - R_1(2) = 470 - 376 = 94$$

$$B(3) = R_0 - R_1(3) = 470 - 329 = 141$$

5）计算系统各种安全措施实施后的安全效益。

$$E(i) = \frac{B(i)}{C(i)}$$

$$E(1) = \frac{B(1)}{C(1)} = \frac{188}{1} = 188$$

$$E(2) = \frac{B(2)}{C(2)} = \frac{94}{1.2} = 78$$

$$E(3) = \frac{B(3)}{C(3)} = \frac{141}{1.1} = 128$$

6）根据 $E(i)$ 值进行方案优选。

最优方案——$\mathrm{Max}E(i) = E(1) = 188$

即方案 1 是最优方案。

3.5.2 安全投资的综合评分决策法

1. 综合评分决策法的基本思想

该方法是由美国格雷厄姆（Keneth J. Graham）、金尼（Gilbert F. Kinney）等合作，在安全评价方法基础上，开发出的用于安全投资决策的一种方法。

该方法基于加权评分的理论，根据影响评价和决策的因素重要性，以及反映其综合评价指标的模型，设计出各参数的定分规则，然后依照给定的评价模型和程序，对实际问题进行评分，最后给出决策结论。具体的评价模型——投资合理性计算公式如下：

$$\text{投资合理性} = \frac{\text{事故后果严重性 } R \times \text{危险性作业程度 } E \times \text{事故发生可能性 } P}{\text{经费指标 } C \times \text{事故纠正程度 } D} \tag{3-10}$$

说明：分子是危险性评价的三个因素，反映了系统的综合危险性；而分母是投资强度和效果的综合反映。

2. 综合评分决策法的技术步骤

（1）确定事故后果严重性 *R* 的分值

事故后果严重性是反映某种险情引起的某种事故最大可能的结果，包括人身伤害和财产损失的结果。事故造成的最大可能的后果用额定值来计算，特大事故定为 100 分，轻微的割伤则定为 1 分，根据严重程度往下类推，见表 3-3。

表 3-3　事故后果严重性 R 取分值

后果严重程度	分值（分）
① 特大事故，死亡人数很多，经济损失高于 100 万美元，有重大破坏	100
② 死亡数人，经济损失为 50 万 ~ 100 万美元	50
③ 有人死亡，经济损失为 10 万 ~ 50 万美元	25
④ 极严重的伤残（截肢、永久性残疾），经济损失为 0.1 万 ~ 10 万美元	35
⑤ 有伤残，经济损失为 0.1 万美元	5
⑥ 轻微割伤，轻微损失	1

（2）确定危险性作业程度 E 的分值

危险性作业程度是指人员暴露于危险条件下的频率。

（3）确定事故发生可能性 P 的分值

事故发生可能性是指危险性作业条件下由于时间与环境的因素事故发生的可能性大小，其结果会造成各种伤亡和损失。

（4）确定经费指标 C 的分值

按照表 3-4 确定经费指标 C 的分值。

表 3-4　经费指标分值表

经　费	指　标　值
50000 美元以上	10 分
25000 ~ 50000 美元	6 分
10000 ~ 25000 美元	4 分
1000 ~ 10000 美元	3 分
100 ~ 1000 美元	2 分
25 ~ 100 美元	1 分
25 美元以下	0.5 分

（5）事故纠正程度 D 的分值

企业采取安全措施后，会对事故的发生起到一定的纠正作用，可根据表 3-5 来确定事故纠正程度 D 的分值。

表 3-5　事故纠正程度分值表

纠 正 程 度	指　标　值
险情全部消除（100%）	1 分
险情的降低程度为 75% ~ 100%	2 分
险情的降低程度为 50% ~ 75%	3 分
险情的降低程度为 25% ~ 50%	4 分
险情仅有稍微的缓和（少于 25%）	6 分

使用公式时，先将对应情况分值查出，代入计算即得合理性的数值。合理性的临界值被选定为 10。如果计算出的合理性分值高于 10，则经费开支被认为是合理的；如果低于 10，则认为是不合理的。

3.5.3 安全投资合理度求算的诺模图方法

诺模图是根据一定的几何条件（如三点共线），把一个数学方程的几个变量之间的函数关系画成相应的用具有刻度的直线或曲线表示的计算图表。利用诺模图对安全投资合理度进行计算方便明了。

安全投资合理度计算的诺模图方法的步骤如下：

1）根据危险性评价诺模图中事故发生可能性、危险作业性和事故可能后果确定出危险分级。

2）把危险分级结果代入如图 3-1 所示的危险性评价诺模图。

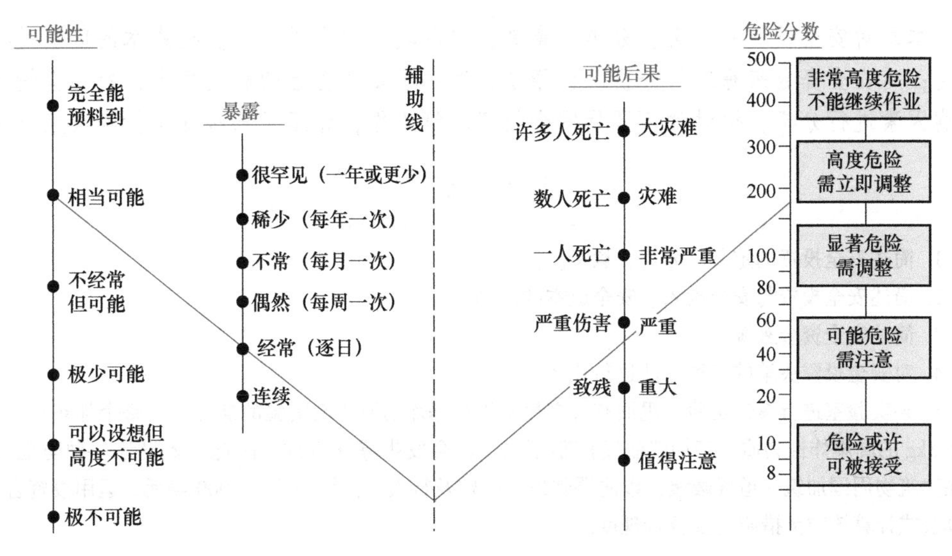

图 3-1 危险性评价诺模图

3）根据危险分级、措施的可能纠正效果和投资强度（措施费）确定投资合理性，从而做出投资的“很合理”“合理”“不合理”三种决策，如图 3-2 所示。

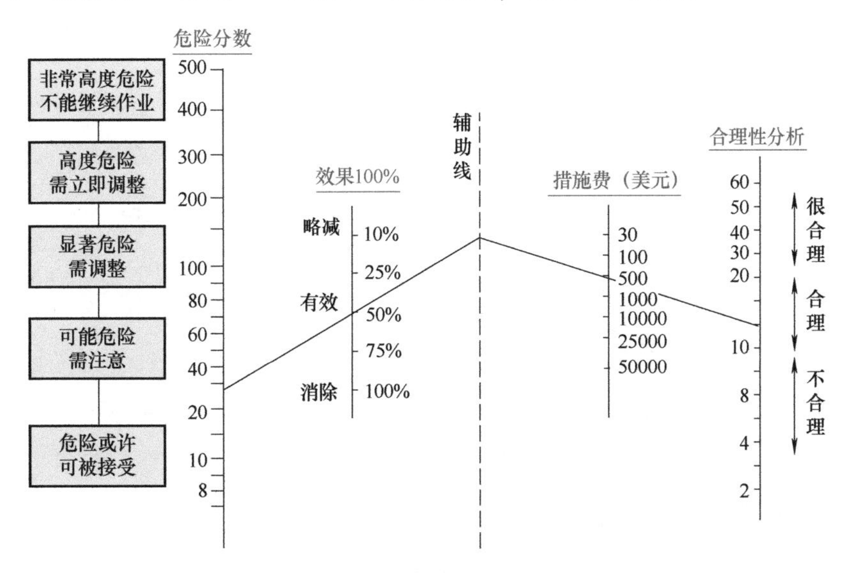

图 3-2 安全投资效果合理性决策诺模图

诺模图方法考虑了决定危险性的主要因素，为采取措施降低危险性，可以通过减少这些因素的分数来努力。

本章小结

近年来，矿山开采、建筑施工、危险品生产以及道路交通运输行业等高危行业企业的安全事故给国家、企业和个人都带来了巨大的损失。作为经营主体的企业，如何进行合理的安全投资是其发展中的重要问题，因此进行安全投资决策研究具有十分重要的意义。

本章对安全投资的定义、分类、意义，以及其与安全投入、安全成本的区别进行了界定；对安全资金来源进行分析，介绍了国家关于安全资金的相关规定；对安全投资的影响因素进行分析，探讨如何开展安全投资决策工作，介绍了三种安全投资决策方法。

思考与练习

1. 简述安全投资的定义、分类、意义。
2. 简述安全投资与安全投入、安全成本的区别。
3. 简述安全资金来源。
4. 对安全投资决策的三种方法进行比较。
5. 某实验室进行爆炸实验，里面有许多用于进行爆炸物质环境实验的加热炉，每个加热炉里有高达2.3kg的高爆炸性物质，若加热温度控制不当，就会发生爆炸事故。因此，要设计一种防范措施，即在建筑物周围加筑一道屏蔽墙，以防爆炸发生时殃及行人。预算经费是5000美元，运用投资合理度计算公式计算该防范措施的投资合理度。

第 4 章 事故经济损失估算

本章学习目的

了解事故损失的分类及其相关概念
掌握事故经济损失要素及其计算方法
掌握国内外事故经济损失的估算方法
对比国内国外事故经济损失方法的异同

正确计算事故的经济损失，才能系统考核企业的安全生产状况，才能正确反映安全投入产出规律，才能全面认识安全投入的效益，才能唤起人们重视安全生产工作，促使企业主动地增加安全投资，积极采取安全措施。然而，由于事故间接损失的隐形性和难于计算的特点，这一基础性工作极具挑战性。本章主要探讨事故造成的能够用货币直接估价的经济损失计算方法与技术，对于难以用货币直接估价的事故非价值对象（因素）损失的计算，将在下一章进行讨论。

4.1 事故经济损失基本知识

合理估算各类事故损失，首先需要明确事故损失的不同类别及内涵。因此，有必要界定事故损失相关的概念，并阐明事故损失的不同分类方法。

4.1.1 基本概念

1）事故损失。事故损失是指由意外事件造成的生命与健康的丧失、物质或财产的毁坏、时间的损失、环境的破坏等，也称为事故费用。

2）事故经济损失。事故经济损失是指意外事件造成的一切经济价值的减少、费用支出的增加、经济收入的减少，泛指与事故事件直接或间接相联系、能够用货币直接估价的损失。

3）事故非价值因素损失。事故非价值因素损失又称事故非经济损失，是指意外事件造成的非价值因素（生命、健康、环境、工效、商誉等）的破坏，以货币价值测定。

4）事故直接经济损失。事故直接经济损失是指事故事件当时的、与事故事件直接相联系的、能用货币直接估价的损失。例如事故导致的设备、设施、材料、产品等物质或财产的损失。

5）事故间接经济损失。事故间接经济损失是指与事故事件间接相联系的、能用货币直接估价的损失。例如事故或事件导致的处理费用、赔偿费、医疗费、罚款、停工或停产损失等事故或事件非当时的间接经济损失。

6）事故直接非经济损失。事故直接非经济损失是指事故事件当时的、与事故事件直接相联系的、难以用货币直接估价的损失。例如事故事件导致的人的生命健康、环境的毁坏等损失。

7）事故间接非经济损失。事故间接非经济损失是指与事故事件间接联系的、不能用货币直接定价的损失。例如事故事件导致的工效影响、声誉损失、政治安定影响等。

8）事故直接损失。事故直接损失是指与事故事件直接相联系的、能用货币直接或间接定价的损失。它包括事故直接经济损失和事故直接非经济损失。

9）事故间接损失。事故间接损失是指与事故事件间接相联系的、能用货币直接或间接定价的损失。它包括事故间接经济损失和事故间接非经济损失。

4.1.2 事故损失分类

事故损失分类是事故损失计算的基本问题。从不同角度、不同目的出发，事故损失分类不尽相同。国内外对事故损失分类依其采用的不同计算方法而各有不同。目前，事故损失还没有统一的分类标准。以下介绍几种常见的分类方法。

1. 按损失与事故事件的关系划分

按损失与事故事件的关系划分，事故损失可分为直接损失和间接损失两类。美国安全专家海因里希（Heinrich）和我国的《企业职工伤亡事故分类》（GB 6441—1986）都采用了这种分类方法，但分类的口径有所差异。事故直接损失由于是事故当时发生的、与事故事件直接联系的、能用货币直接或间接估价的损失，因此，是在企业的账簿上可以查询到的损失，它反映了事故损失在账面上被反映出来的程度。而间接损失由于没能在账面上反映，因此，往往被企业决策者忽视。又由于事故间接损失远高于事故直接损失，因此，在决策过程中，事故总损失被严重低估。关于事故间接损失与直接损失之间的数量关系，学者们还没有统一的认识，而且由于对事故直接损失与间接损失范畴定义的差异，已有研究分析得出的结论相差较大。1941 年，海因里希通过对保险公司 5000 个案例的分析得出，事故间接损失是直接损失的 4 倍。英国卫生安全执行局（HSE）执行部（OU）1993 年的分析得出，事故间接损失是直接损失的 8～36 倍，这一倍比系数因行业而异。

2. 按损失的经济特征划分

按损失的经济特征划分，事故损失可分为经济损失（或价值损失）和非经济损失（非价值损失）。前者是指可以直接用货币测算的损失，后者不可以直接用货币进行计量，只能通过间接的转换技术对其进行测算。

经济损失是可以直接计算或者至少在理论上可以计算的那部分损失，是具有市场价值部分或可以给出市场价值的商品或者服务损失，包括受伤害员工的工资损失，事故造成的设备设施、原材料、产成品的损坏等。然而，非经济损失是更为重要的损失部分，这部分损失无论是对企业、员工，还是对社会的伤害可能更为深刻或严重。它包括企业的声誉损失、受伤害员工的身体损失、受伤害员工与家属的精神损失、环境的破坏、对社会稳定的影响等。全面评估事故非经济损失是安全生产决策的基础，相关内容将在后面章节进行详细介绍。

3. 按损失与事故的关系和经济的特征综合划分

按损失与事故的关系和经济的特征综合划分，事故损失可分为直接经济损失、间接经济损失、直接非经济损失、间接非经济损失四种，各类型损失所包括的内容见上述基本概念的定义。这种分类方法把事故损失的口径做了严格的界定，有助于准确地对事故损失进行测算。

4. 按损失的承担者划分

按损失的承担者划分，事故损失可分为个人损失、企业（集体）损失和国家损失三类，也可分为企业内部损失和企业外部损失。所谓内部损失，就是企业自身直接承受的损失，如企业设备损毁、工伤事故赔偿等；外部损失则是由企业以外的其他主体负担的损失部分，如由于员工伤残导致的家庭生活质量降低、孩子受教育条件下降，以及由于安全事故给社会带来的负面影响和增加政府负担等。此外，其他不能反映在企业账面上的非经济损失也属于外部损失。

根据 Ling 等 1984 年对丹麦事故损失的研究结果，大约 44% ~89% 的损失为外部损失，其中约 20% 由雇员直接承担。企业在控制事故风向方面起主导作用，并且企业是安全生产的责任主体，由于很大比例的损失由外部主体来承担了，产生了事故损失的外溢，即原本应由企业承担的事故损失转嫁给了受伤害员工、社会等，从而扭曲了企业安全投入产出关系，降低了企业主动进行安全投入的积极性。因此，需要采取措施降低企业内部损失与总损失的差距，即采取“外部损失内部化”策略。

5. 按损失的时间特性划分

按损失的时间特性划分，事件损失可分为当时损失、事后损失和未来损失三类。当时损失是指事件当时造成的损失；事后损失是指事件发生后随即伴随的损失，如事故处理、赔偿、停工和停产等损失；未来损失是指事故发生后相隔一段时间才显现出来的损失，如污染造成的危害，恢复生产和原有的技术功能所需的设备（设施）改造及人员培训费用等。

6. 按损失的状态划分

按损失的状态划分，事故损失可分为固定损失与可变损失。在经济损失中，有部分固定损失，即不随事故水平的变化而变化。例如保险和监控部门的管理费用，大部分甚至可以说全部企业的保险费是与实际事故水平相独立的。如果事故损失可以通过会计处理分回到固定损失中去，则对决策者而言，是无任何动力去降低事故风险的。只有可变部分，如按照企业事故风险收取保险费以及按照前期事故损失情况确定浮动费率等才能促使决策者改善安全状况。

不同事故损失分类的标准及意义见表 4-1。

表 4-1 不同事故损失分类的标准及意义

概念对照	分类标准	意义
直接/间接	事故损失与事故直接联系还是间接联系，并可用货币直接测算或间接估价	用于测定企业决策者从账面上觉察到的事故损失
经济/非经济	事故损失是否可用货币直接测算	用于测定事故损失的经济特征
内部/外部	损失承担的主体是否为事故企业	用于衡量企业决策者和社会提高安全生产工作的动力
当时/事后/未来	按照损失的时间特性	用于衡量事故的长期影响
固定/可变	损失是否随事故水平发生变化	用于衡量企业决策者采取措施以减轻事故水平的经济动力

4.2 事故经济损失要素及其计算

4.2.1 国外事故经济损失要素及其计算

1. 日本野口三郎计算方法

日本对于事故损失的计算，采用的是野口三郎提出的方法。该方法将事故损失分成七部分，总损失为以下七部分费用总和。

(1) 法定补偿费用（保险支付部分）

1）疗养补偿费（包括长期伤病补偿费）。

2）休养补偿费（由保险支付的部分）。

3）残疾补偿费。

4）遗属补偿费。

5）祭葬费。

$$\text{法定补偿费用(保险支付部分)} = (\text{疗养补偿费} + \text{休养补偿费} + \text{残疾补偿费} + \text{遗属补偿费} + \text{祭葬费}) \times \left(1 + \frac{15}{115}\right) \quad (4\text{-}1)$$

(2) 法定补偿费用（公司负担部分）

歇工 4 天以下的歇工补偿费用由公司负担。

(3) 法定补偿以外的费用支出

1）各种探望费、补偿费（根据公司规程、协约确定）。

2）退职金补贴。

3）供品费、花圈费等。

4）公司举行葬礼时的费用或葬礼补助经费。

5）对住院者的法定疗养补偿以外的经费。

6）其他法定以外的经费。

法定补偿以外的费用支出总额为以上各项之和。

(4) 事故造成的人的损失

1）受伤者的损失。包括当天的工时损失、停工期间的工时损失、因看病或其他原因造成的工时损失。

2）其他人员的损失。包括救助、联系、护理等造成的工作时间损失，停工造成的工时损失，事故调查、研究对策、记录等造成的工作时间损失，为复工、整理花费的非工作时间损失，探望、护理等非工作时间损失，混乱、围观、起哄造成的非工作时间损失。

$$事故造成的人的损失 = 平均工资 \times (受伤者的损失 + 其他人员的损失) \tag{4-2}$$

（5）**事故造成的物的损失**

1）建筑物、设备等的损失。

2）机械、器具、工具的损失。

3）原料、材料、半成品、成品等的损失。

4）护具等的损失。

5）动力、燃料等的损失。

6）其他物的损失。

事故造成的物的损失为以上 6 项损失之和。

（6）**生产损失**

1）恢复因事故造成的减产而多负担的经费。

2）因事故造成停产或减产使利润减少的金额。

生产损失为以上 2 项损失之和。

（7）**特殊损失费**

1）新替换的工人能力不足造成的全部工资损失。

2）受伤者返回车间后增加支付的工资损失。

3）处理事故的旅费、通信费等。

4）对外接待费。

5）诉讼及根据诉讼结果支付的费用。

6）因未完成合同而支付的延迟费及其他费用。

7）新工录用费。

8）对新录用的工人多花的培训费等。

9）因工伤而引发的直接事故造成的损失。

10）对第三者的补偿、探望、酬谢等的经费。

11）恢复生产所需的金融对策费及利率的负担。

12）其他伴随着事故发生而由经营者负担的经费。

特殊损失费为以上 12 项损失或费用之和。

2. NSC㊀-Simonds 方法（该法用来统计间接费用）

1）支付未受伤害工人损失工作时间的工资。这里损失的工作时间包括：事故发生后停止工作前去观看、谈论、帮忙的时间；因其使用的设备在事故中被损坏或因其他的工作需要被损坏的产品（或输出结果）或需要受伤害者协助而等待的时间。

2）损坏物料或设备的费用。包括正常的财产损失、修理和恢复原位的净费用、损坏及不能修理时的损失。

3）支付受伤害工人损失工时的费用。此项费用不同于工人补偿金，该费用不包括工人

㊀ NSC 为美国的全美安全理事会。

补偿法规中规定的在等待期后支付的（补偿）费用。

4）由于事故迫使加班的额外费用。所计的费用是加班工资与正常工资之差，以及额外的监督费用和照明、供暖、清洁及其他额外服务的费用。

5）由于事故而进行的额外活动所花时间的工资。事故发生后监督人不得不进行某些活动所花费时间的工资（由于事故而在正常活动之外花费时间的工资）。

6）受伤害工人返回工作岗位后产量降低期间的工资差额。

7）训练新工人的费用。包括新工人产量下降造成的工资费用，监督人或其他工人用于培训新工人的时间费用。

8）公司负担的非保险的医疗费用。这是指补偿保险金中不包括，由公司诊疗所提用的服务费用。

9）高级管理者及职员在事故调查或处理补偿申请表所花时间的费用。

10）各种其他费用。包括事故造成的但不属于上述所列的费用，如滞期费、受伤害工人转轻度工作的费用、公共责任赔偿、租用设备的费用、由于事故减少的总销售额、被取消合同或失掉订单所丧失的利润、公司奖金的损失、新工人雇用费（若很高）、新工人造成的过量损耗（超过正常损耗）、滞留金。

该方法未包含无形费用，如事故对公共关系、工人道德心理、使工人能安心工作的工资额的影响等。

3. 加拿大温哥华工人补偿局 Symonds 费用分析法

（1）与受伤害工人直接有关的费用

这包括急救费用（急救物资费用和急救护理者的工资）、交通费用（受伤害者送医）、工作班的工资补差、其他。

（2）生产损失

这包括劳动时间损失的费用、产量损失或销售损失。

（3）财产损失

这包括设备、器械、工具、叉式起重车或公司车辆的更新费用、租赁费用、修理费用。

（4）监督人费用

这包括事故调查、恢复生产等的费用。

（5）职业安全卫生联合委员会的时间费用

这包括委员会成员调查事故、研究调查结果、写事故报告的时间费用。

（6）管理者费用

这包括管理者花在研究事故报告的时间费用。

（7）替换受伤害工人的费用

这包括替换新工人的雇用费、替换新工人的培训费、达不到原工作效率的工资损失以及因此需要加班的费用。

（8）受伤害工人返回工作后的损失费用

这包括工作效率不达标的工资损失、重新培训的费用。

（9）其他有关费用

还有上述（1）~（8）项未包括的费用，如清除污染的费用、责任费用、因不能交付订货或完成项目造成的罚款、劳动关系对抗招致的费用、与政府对立的费用（违反法规的罚款)。

4. 法国国家安全研究所 D. Pham 方法

(1) **工资的费用**

这包括付给受伤害者的工资和津贴,其他人参与的工时损失费用等。

(2) **生产损失**

这包括停产损失、受伤害者返工后劳动能力下降的损失、其他工人劳动效率降低的损失、产品损失(废品)。

(3) **物质损失**

这包括工作场所的整理、恢复,机械、工具的修理及替换等费用。

(4) **管理费用**

这包括事故调查费用、替换工人聘用和培训费用、生产重组费用。

(5) **会计的费用**

会计的费用包括保险方面的费用和专家酬金,其中,保险方面的费用又包括替换工人的工资使工资总额变动,需进行保险费用的重新计算而造成的费用。

(6) **商业上的费用**

这包括延误交货造成的罚款以及信誉下降导致客户减少而造成的损失。

(7) **惩罚性的费用**

这包括对企业负责人的刑事处罚导致的企业的花费,以及给保险机构交付的增补的分摊额和补充的赔偿(当责任在雇主时)。

(8) **社会上的费用**

这包括给受伤害者及其家庭的捐献和救济。

(9) **预防措施方面的费用**

这包括安全操作的培训和预防措施的宣传费用,加强检查方案的费用,医疗部门、安全部门的人员工资。要特别说明:预防措施方面的费用不能完全包括在间接费用中,因为对企业来说,这个费用是一个固定的花费,不管有没有发生工伤事故。

(10) **其他费用**

这包括企业氛围恶化(罢工、请愿等)、工人逃走(危险工作)等带来的损失。

5. 法国学者伯纳德(P. Bernard)提出的方法

(1) **时间损失的工资费用**

1) 受伤害者:事发当日的工时损失,日后厂内和厂外的治疗时间损失,身体康复保健的时间损失。

2) 其他员工:好奇、慰问、援助,工作停止(因机械设备受损或对受伤害者的协助),评论事故等导致的时间损失。

3) 干部或工会代表:帮助受伤害者,调查事故原因,雇用和培训新工人,企业内人员替代受伤害者,撰写事故报告或回答有关领导部门或司法部门的传讯等导致的时间损失。

4) 企业外的救护人员、独立医疗服务部人员、护士和安全保障人员(企业内部的安全保障服务和医疗服务等不计)等的时间损失。

5) 设备修理、工作场所的管理等的时间损失。

6) 行政人员(负责申报的编辑工作人员、开工资清单的人员、事故统计登记人员等)

的时间损失。

（2）**人员管理费用**

这包括：雇用费用（选拔、行政开销、体检、培训）；支付给受伤害者补偿保险费之外的工资补助（劳资协议）；康复治疗费用；为弥补产量损失的加班工资；以社会名义给予的赔偿；社会福利事业的开支和活动；产量降低的损失；受伤害者复工后能力不足带来的损失；替代者能力不足带来的损失；工作节奏切断导致的生产率下降带来的损失；受伤害者个人财产的补偿；新聘员工的个人配备的费用。

（3）**物质损失**

这包括：机器、设备及其他财产损失；原材料、产品等的损失；事故造成的必要的改建；因事故受损的物质在修补期间租用场地的费用；受损物质保险费用的增加。

（4）**其他费用**

这包括：鉴定费用；伤害者的转移费用；急救费用；补偿保险之外企业支付的赔偿；包括不能继续留在公司内人员的补偿费用；解雇人员时的必要赔款和专门用途拨款；延期交货的赔款；为挽回公司信誉而用于社会效应的费用；为重新提高生产效率而花的费用，包括机械设备方面；支付给受伤害者的生活补助（房租、暖气、照明、能源费等）。

6. 加拿大学者布罗迪（B. Brody）**等人提出的方法**（间接费用）

（1）**工资损失**（事故发生日）

这即事故发生后各种不同岗位的人员未工作，但需支付他们工资。这些时间损失表现在：受伤害者当日的时间损失；同事观看、援助的时间；因需受伤害者的工作输出而被迫停工的时间；直接监督人立即介入事故，其对正常生产活动贡献的时间；被召唤到现场的医生、护士、急救专家的时间；工会代表放下正常的工作职责，介入事故的时间。

（2）**物质损失**

物质损失表现在：机械修理（内部或外部）；原材料损失；最终产品、半成品损坏；清理费用。

说明：如机械入保险，则保险费是直接损失；但如导致保险费增加，则增加的额外部分是间接费用。

（3）**管理者时间损失**

这表现在：管理人员、医生、护士在事故发生后进行调查、报告和取证的时间（注意：部分调查过程是为预防事故重演，因而属于可变的预防费用）；直接监督人重新组织生产的时间；新工人的招雇和培训时间；人事部门、职业安全卫生管理部门与外部调查机构和保险机构联系事务的时间。

（4）**生产损失**

这表现在：新工人上岗后能力不足使产量下降但企业照付原工资；受伤害者返回工作岗位后产量下降；同事们因缺乏安全保障的环境情绪不佳使生产效率下降，未完成原定工作任务而加班的费用；受伤害者去诊所、参加听证会和调查的时间损失。

（5）**其他损失**

其他损失包括：急救物资；送受伤害者去医院的交通费用；向加拿大工人补偿局增补员工的管理费用；诉讼费用；听证会上医学专家的鉴定费用；受伤害者缺工期间的附加福利。

4.2.2 国内事故经济损失要素及其计算

1.《企业职工伤亡事故经济损失统计标准》中的计算方式

(1) 事故经济损失要素

根据事故损失管理的需要，结合我国的实际情况，我国在 1986 年制定了《企业职工伤亡事故经济损失统计标准》(GB 6721—1986)。该标准定义了伤亡事故经济损失为企业职工在劳动生产过程中发生伤亡事故所引起的一切经济损失，包括直接经济损失和间接经济损失。因事故造成的人身伤亡及处理支出的费用和毁坏财产的价值，是直接经济损失。而导致产值减少、资源破坏等受事故影响而造成的其他经济损失是间接经济损失。标准规定了直接经济损失和间接经济损失的统计范围，见表 4-2。

表 4-2 国标中事故经济损失的统计范围

损失类别	统计范围	
直接经济损失	人身伤亡后所支出的费用	医疗费用（含护理费用）
		丧葬及抚恤费用
		补助及救济费用
		歇工工资
	善后处理费用	处理事故的事务性费用
		现场抢救费用
		清理现场费用
		事故罚款和赔偿费用
	财产损失价值	固定资产损失价值
		流动资产损失价值
间接经济损失	停产、减产损失价值	
	工作损失价值	
	资源损失价值	
	处理环境污染的费用	
	补充新职工的培训费用	
	其他损失费用	

(2) 事故经济损失要素计算

1) 事故经济损失计算。事故经济损失计算按照以下公式进行：

$$E = E_d + E_i \tag{4-3}$$

式中 E——事故经济损失（万元）；

E_d——事故直接经济损失（万元）；

E_i——事故间接经济损失（万元）。

2) 医疗费计算。医疗费按照以下公式进行测算：

$$M = M_b + \frac{M_b}{P} D_c \tag{4-4}$$

式中 M——被伤害职工的医疗费（万元）；

M_b——事故结案日前的医疗费（万元）；

P——事故发生之日至结案之日的天数（万元）；

D_c——延续医疗天数，指事故结案后还须继续医治的时间，由企业劳资、安全、医生诊断意见确定（日）。

注：上述公式用来测算一名被伤害职工的医疗费，一次事故中多名被伤害职工的医疗费应累计计算。

3）歇工工资。歇工工资按照以下公式进行测算：

$$L = L_q(D_a + D_k) \tag{4-5}$$

式中 L——被伤害职工的歇工工资（元）；

L_q——被伤害职工日工资（元）；

D_a——事故结案日前的歇工日（日）；

D_k——延续歇工日，指事故结案后被伤害职工还必须继续歇工的时间，由企业劳资部门、社会保障部门、工会等与有关单位酌情商定（日）。

注：上述公式用来测算一名被伤害职工的歇工工资，一次事故中多名被伤害职工的歇工工资应累计计算。

4）固定资产损失价值。固定资产损失价值按下列情况计算：①报废的固定资产，以固定资产净值减去残值计算；②损坏的固定资产，以修复费用计算。

5）流动资产损失。原材料、燃料、辅助材料等均按账面值减去残值计算，成品、半成品、在制品等均以企业实际成本减去残值计算。

6）停产、减产损失价值。停产、减产损失按事故发生之日起到恢复正常生产水平时止计算其损失的价值。

7）工作损失价值。工作损失价值按照以下公式进行测算：

$$V_w = D_1 \frac{M}{SD} \tag{4-6}$$

式中 V_w——工作损失价值（万元）；

D_1——一起事故的总损失工作日数，死亡一名职工按6000个工作日计算（日）；

M——企业上年利税（税金加利润）（万元）；

S——企业上半年平均职工人数（人）；

D——企业上年法定工作日（日）。

2. 理论计算方法

根据事故经济损失的定义，事故经济损失由直接经济损失和间接经济损失两部分构成。

（1）事故直接经济损失

事故直接经济损失是指事故事件当时的、与事故事件直接相联系的、能用货币直接估价的损失。包括设备、设施、工具等固定资产的损失，材料、产品等流动资产的物质损失，资源（矿产、水源、土地、森林等）遭受破坏的价值。

1）设备、设施、工具等固定资产的损失$L_{设}$，分两种情况。

① 固定资产全部报废时：

$$L_{设} = 资产净值 - 残存价值 \tag{4-7}$$

② 固定资产可修复时：

$$L_{设} = 修复费用 \times 修复后设备功能影响系数 \tag{4-8}$$

2）材料、产品等流动资产的物质损失 $L_{物}$。

$$L_{物}=W_1+W_2 \tag{4-9}$$

式中 W_1——原材料损失，按账面值减去残值计算；

W_2——成品、半成品、在制品损失，按本期成本减去残值计算。

3）资源（矿产、水源、土地、森林等）遭受破坏的价值损失 $L_{资源}$。

$$L_{资源}=损失(破坏)量\times资源的市场价格 \tag{4-10}$$

（2）**事故间接经济损失**

事故间接经济损失是与事故事件间接相联系的、能用货币直接估价的损失。包括事故现场抢救与处理费用，事故事务性开支，人员伤亡的丧葬、抚恤、医疗及护理、补助及救济费用，休工的劳动损失价值。

1）事故现场抢救与处理费用，根据实际开支统计。

2）事故事务性开支，根据实际开支统计。

3）人员伤亡的丧葬、抚恤、医疗及护理、补助及救济费用，根据实际开支统计。

事故已处理结案，但未能结算的医疗费可按式（4-4）计算。

其中，补助费、抚恤费的停发日期可按下列原则确定：①被伤害职工供养未成年直系亲属抚恤费累计统计到 16 周岁（普通中学在校生累计到 18 周岁）；②被伤害职工及供养成年直系亲属补助费、抚恤费累计统计到中国人口的平均寿命。

4）休工的劳动损失价值，是指受伤害人由于劳动能力一定程度的丧失而少为企业创造的价值，其计算方法有如下三种：

① 按工资总额计算。用下式计算：

$$劳动损失价值\ L_{E1}=\frac{D_L P_{E1}}{NH} \tag{4-11}$$

② 按净产值计算。用下式计算：

$$劳动损失价值\ L_{E2}=\frac{D_L P_{E2}}{NH} \tag{4-12}$$

③ 按企业税利计算。用下式计算：

$$劳动损失价值\ L_{E3}=\frac{D_L P_{E3}}{NH} \tag{4-13}$$

式中 D_L——企业总损失工作日数；

N——上年度职工人数；

H——企业全年法定工作日总数；

P_{E1}——企业全年工资总额；

P_{E2}——企业全年净产值；

P_{E3}——企业全年税利。

比较起来，上述三种方法的区别仅是分子所采用的指标不同。

第一种方法用的指标是工资。工资是指劳动者的必要劳动创造的，并作为劳动报酬分配给劳动者的那部分价值。用工资总额进行计算，显然不能表明被伤害职工因工作损失少为国家和社会创造的价值。

第二种方法用的指标是净产值。净产值是指劳动者在一定时间内新创造的价值，它包括补偿劳动力的价值和为国家及社会创造的价值两部分，具体来说，它包括利润、税金、利息支出、工资、福利费等项目。用净产值计算，劳动损失价值就偏大，因为净产值包括工资、福利费等，这些不是为国家和社会创造的价值，而是用来补偿劳动者本身的一些正常开支，是劳动者本身所要消耗的，所以用净产值这个指标进行计算，也不能如实反映被伤害职工因工作损失为国家和社会减少创造的价值。

第三种方法用的指标是税金与利润之和。它是劳动者超出必要劳动时间所创造的那部分价值，也就是职工在一定时间内为国家和社会所提供的纯收入，具体表现为企业销售收入扣除成本之后的余额。因为劳动损失价值用税金加利润进行计算，就能如实地反映被伤害职工因工作损失所减少的为国家和社会创造的价值，并且税金和利润这两个指标是目前常用来评价企业经济效益的综合指标，用这两者来计算比较符合实际情况，也便于引用。

《企业职工伤亡事故经济损失统计标准》(GB 6721—1986) 中，劳动损失价值建议按第三种方式计算。

4.3 事故经济损失估算方法

4.3.1 国外事故经济损失估算方法

1. 倍比系数法

在工伤保险制度较为完善的条件下，将保险费用作为事故直接经济损失，按照间接损失与直接损失的比值，就可以求得事故间接经济损失，从而求得总损失。不同学者用不同方法，在不同国家、不同行业、不同时期得到不同的倍比系数，见表 4-3。可以看出，事故间接经济损失与直接经济损失倍比系数差异较大，主要是因为事故间接经济损失、直接经济损失所统计的范畴不同，并且各自受多种因素的影响。该方法统计方便，但由于事故的多样性、企业结构和且文化的差异性及社会因素的复杂性，拿一把钥匙开万把锁的省事方法将不会得到对于企业事故经济损失的可靠评估结果。

表 4-3　事故间直损失比例系数

研究机构（者）	基准年	事故损失间直比	说明
海因里希	1941 年	4	保险公司 5000 个案例
Bouyeur	1949 年	4	1948 年法国数据
Jacques	20 世纪 60 年代	4	法国化学工业
Legras	1962 年	2.5	从产品售价、成本研究得到
Bird 和 Loftus	1976 年	50	
Letoublon	1979 年	1.6	针对伤害事故
Sheiff	20 世纪 80 年代	10	
Elka	1980 年	5.7	起重机械事故
Leopold 和 Leonard	1987 年	间接损失微不足道	将很多间接损失重新定义为直接损失
Bernard	1988 年	3	保险费用按赔偿额
		2	保险费用按分摊额
Hinze 和 Appelgate	1991 年	2.06	建筑行业公司调查
英国 HSE（OU）	1993 年	8～36	因行业不同

其中，最具代表性的是美国学者海因里希的研究。他把一起事故的损失划分为两类：由生产公司申请、保险公司支付的金额划分为直接损失，把除此以外的财产损失和因停工使公司受到损失的部分作为间接损失，并对一些事故的损失情况进行了调查研究，得出直接损失与间接损失的比例为1：4。由此说明，事故发生而造成的间接损失比直接损失大得多。

海因里希对间接损失的界定为：

1）负伤者的时间损失。

2）非负伤者由于好奇心、同情心、帮助负伤者等原因而受到的时间损失。

3）工长、管理干部及其他人员因救负伤者、调查事故原因、分配人员代替负伤者继续进行工作、挑选并培训代替负伤者工作的人员、提出事故报告的时间损失。

4）救护人员、医院的医护人员及其他不在保险公司赔付范围内的时间损失。

5）机械、工具、材料及其他财产的损失。

6）由于生产阻碍不能按期交货而支付的罚金以及其他由此而受到的损失。

7）职工福利保健制度方面遭受的损失。

8）负伤者返回车间后，由于工作能力降低而在相当长的一段时间内照付其原工资而受到的损失。

9）负伤者工作能力降低，不能使机械全速运转而遭受的损失。

10）由于发生了事故，操作人员情绪低落，或者由于过分紧张而诱发其他事故受到的损失。

11）负伤者即使停工也要支付的照明、取暖以及其他与此类似的每人的平均费用损失。

对于直接损失由于保险体制有差别和企业申请保险的水平不同，具体情况会有大的区别。由于各个企业确定间接损失的范围及估算损失不一致，直接损失与间接损失的比例有的小于1：4有的大于1：4，这是正常的现象。

2. 西蒙兹计算法

美国的西蒙兹（R. H. Simonds）教授对海因里希的事故损失计算方法提出了不同的看法，他采取了从企业经济角度出发的观点来对事故损失进行判断。首先，他把“由保险公司支付的金额”定为直接损失，把“不由保险公司补偿的金额”定为间接损失。他的非保险费用与海因里希的间接费用虽然是出于同样的观点，但其构成要素不同，他还否定了海因里希的直接损失与间接损失比为1：4的结论，并代之以平均值法来计算事故总损失。可以用以下公式表示：

$$L_t = L_d + L_i = F_i + AS_t + BH_t + CA_t + DI_t \tag{4-14}$$

式中 L_t——事故经济总损失；

L_d——事故直接经济损失；

L_i——事故间接经济损失；

F_i——保险费用；

S_t——歇工伤害次数；

H_t——住院伤害次数；

A_t——急救医疗伤害次数；

I_t——无伤害事故次数；

A、B、C、D——各种不同伤害程度事故的非保险费用平均金额，是预先根据小规模试验研究（对某一时间的不同伤害程度的事故损失调查统计，求其均值）而获得的。

西蒙兹没有给出具体的 A、B、C、D 数值，使用时可因不同的行业条件采用不同的取值，即应根据企业或行业的不同而变化。如平均工资、材料费用以及其他费用相应变化，则 A、B、C、D 的数值也随之变化。

在上述公式中，没有包括死亡和不能恢复全部劳动能力的残疾伤害，当发生这类伤害时，应分别进行计算。

此外，西蒙兹将间接经济损失，即没有得到补偿的费用，分成如下几项进行计算：

1）非负伤工人由于中止作业而引起的费用损失。

2）受到损伤的材料和设备的修理、搬走的费用。

3）负伤者停工作业时间（没有得到补偿）的费用。

4）加班劳动费用。

5）监督人员所花费的时间的工资。

6）负伤者返回车间后生产减少的费用。

7）补充新工人的教育和训练的费用。

8）公司负担的医疗费用。

9）进行工伤事故调查付给监督人员和有关工人的费用。

10）其他特殊损失，如设备租赁费、解除合同所受到的损失、为招收替班工人而特别支出的经费、新工人操作引起的机械损耗费用（特别显著时）等。

3. 公式法

英国工业联盟在 20 世纪 70 年代提出了一种简单的公式来测定企业因事故和疾病引起的财政损失，该公式由斯图普菲格（Stumpfig）在 1970 年提出并由斯奇巴（Skiba）修正，称为 S-S 公式，S-S 公式提出后受到广泛的肯定。

$$C = C_p + C_v = aC_a + bndW_q \tag{4-15}$$

式中 C——职业伤害的全部年费用；

C_p——职业伤害的固定年费用；

C_v——职业伤害的可变年费用；

a——考虑预防事故的固定费用的修正系数，一般取 1～1.5；

C_a——职业伤害保险的年费用；

b——考虑企业具体情况的修正系数，一般取 1.2～3；

n——保险予以补偿的年度职业伤害案例数；

d——以日计的平均不能工作时间；

W_q——日平均工资。

这个公式既可以包括预防费用，又可以不包括预防费用。该公式将企业职业伤害事故的年费用，通过保险费用和保险补偿的案例数表达出来，并通过工资来体现。工资是保险费用计算的基准，保险费用是工资的一定比例，非保险费用通过案例数、平均缺工日数、企业支付给受伤害者的平均日工资三者的乘积来确定。

系数 a、b 要根据不同的国家、行业和企业情况进行调整，使用不同条件的约束。1975

年在德国应用S-S公式时所提出的系数值为：a 取1.1～2.5，b 取1.2～3.0。

从公式的含义可以得到其应用条件应包括以下几点：

1）工伤保险补偿制度要较为完善。

2）企业在生产、运行机制、设备、管理等方面在较长时间内稳定。

3）为确定系数的值和平均每个补偿案例的缺工日数，需要通过实验研究或依靠有关的统计数据。

4. 现场跟踪基础上的放大样法

在一个不太长的能代表企业各生产阶段（其中包含主要生产装置和主要操作程序）的连续或离散的期间内，在现场跟踪记录所有的事故，求出该期间内企业事故经济损失的总费用，然后按考察期间与总期间的比例放大到总期间的总费用。欧盟职业安全健康局（EU-OSHA）于1990—1991年开展的此项研究选择了五个属于不同行业的企业——建筑工地、奶油厂、运输队、海上钻油台、医院，考察期间一般为13周左右，最长的有18周，职工人数约80～700人，安全卫生水平属于平均水平，对象是可以预防的所有事故。此项研究中的保险费用包括所有种类的保险费用。该方法的可靠性最高，但需要的相应投入也最大，需要大量的人力和时间。

4.3.2 国内事故经济损失估算方法

1. 伤害分级比例系数法

该方法首先需要将人员伤亡分级，并研究分析其严重度关系，从而确定分级伤害程度比例关系系数。根据国外和我国按休工日数对事故伤害分级的方法，采用“休工日规模权重法”作为伤害级别的经济损失系数确定依据。休工日（又称损失工作日）是国际上普遍采用度量伤害严重程度的指标，我国《事故伤害损失工作日标准》（GB/T 15499—1995）对各种伤害的损失工作日做出了明确的规定，便于实际工作中统计汇总，通过损失工作日可以方便地计算出其经济损失量。

该方法把伤害类型分为14级，以死亡作为最严重级，并作为基准级，取系数为1，再根据休工日规模比例，确定各级的经济损失比例系数，其中考虑到伤害的休工日数与经济损失程度并非线性关系，因此，比例系数的确定按非线性关系处理，见表4-4。

表4-4 各类伤亡情况直接经济损失比例系数

级别	1	2	3	4	5	6	7	8	9	10	11	12	13	14
休工日（天）	死亡	7500	5500	4000	3000	2200	1500	1000	600	400	200	100	50	<50
系数	1	1	0.9	0.75	0.55	0.40	0.25	0.15	0.10	0.08	0.05	0.03	0.02	0.01

在得到各类事故的比例系数后，估算一起事故由于人员伤亡造成的实际损失，可用下式计算：

$$L_p = V_m \sum_{i=1}^{14} K_i N_i \tag{4-16}$$

式中 L_p——伤亡损失；

K_i——第 i 级伤亡类型的系数；

N_i——第 i 级伤亡类型的人数；

V_m——死亡伤害的基本损失，即人生命的经济价值。

如果是对一年或一段时期的事故伤亡损失进行估计，则可把 N_i 的数值用全年或整个时期的伤害人数代替。

2. 伤害分类比例系数法

如果不知道各类伤害人员的休工日，难以确定其伤害级别，而只知其伤害类型时，可采用伤害分类比例系数法进行估算。其分类思想与伤害分级比例系数法是一致的，其步骤为：

第一步，根据伤亡情况统计比例系数（见表4-5），用下式计算伤亡直接损失：

$$L_d = V_1 \sum_{i=1}^{14} K_i N_i \tag{4-17}$$

式中 L_d——伤亡直接损失；

K_i——第 i 级伤亡类型的系数；

N_i——第 i 级伤亡类型的人数；

V_1——受伤但未住院的伤害的基本经济消费，该值根据不同时期经济水平，按照统计数据取值。

表4-5 各类伤亡情况统计比例系数

伤害类型	1	2	3	4	5
	死　亡	重伤已残	重伤未残	轻伤住院	轻伤未住院
系数	40～50	20～25	10～15	3～4	1

第二步，根据直接损失与间接损失的比例系数（见表4-6），按照下式求出间接损失：

$$L_i = V_1 \sum_{i=1}^{5} n_i K_i N_i \tag{4-18}$$

式中 l_i——伤亡间接损失；

n_i——第 i 级伤亡类型的间直比例系数。

表4-6 各类伤亡事故经济损失间直比例系数

伤害类型	1	2	3	4	5
	死　亡	重伤已残	重伤未残	轻伤住院	轻伤未住院
系数	10	8	6	4	2

本章小结

事故的发生不仅对企业产生极大的直接经济影响，而且会对企业的声誉、工效和社会形象造成负面影响，会给员工生命、健康造成损害，会对环境造成破坏等。深入、全面地研究事故损失，不仅是事故处理和管理的需要，更重要的是通过系统分析事故的成本，找到引导和有效干预安全生产决策的方法和途径。

本章给出了事故损失相关的概念，并从不同角度对事故损失进行了分类，较为系统地阐述了国内外事故经济损失计算要素、计算方法及损失估算方法。需要注意，事故经济损失计算要素繁多，不仅要注意直接经济损失，还要多注意事故间接经济损失。

思考与练习

1. 按照不同标准，事故损失的分类具体有哪些？

2. 事故经济损失的计算具体包含哪些要素？

3. 简要说明海因里希方法的原理。

4. 某煤矿企业有 6 名矿工罹患尘肺病。该企业平均每年的抚恤费为 20 万元，抚恤时间为 10 年，发现尘肺病至死亡时平均每年医疗费用为 35 万元，患者损失劳动时间的平均工资为每年 4 万元，患者损失劳动能力期间年均医药费为 13 万元，患者实际损失劳动时间为 10 年，年均创造劳动效益为 8 万元。在其他特殊情况不予考虑的条件下，按照我国职业病经济损失方法计算该煤矿企业的总经济损失。

5. 比较国内国外事故经济损失评估方法的异同。

5

第 5 章 事故非经济损失估算

本章学习目的

了解事故非经济损失的构成

掌握工效损失价值计算方法

掌握环境损失价值的计算方法

了解企业安全对声誉的影响，掌握声誉损失估价方法，了解维护声誉的途径

事故及灾害导致的损失后果因素，根据其对社会经济的影响特征，可分为两类：一类是可用货币直接测算的事物，如实物、财产等有形价值因素；另一类是不能直接用货币来衡量的事物，如生命、健康、环境等。为了对事故造成的社会经济影响做出全面、精确的评价，安全经济学不仅需要对有价值的因素进行准确的测算，而且需要对非价值因素的社会经济影响作用做出客观的测算和评价。为了对两类事物的综合影响和作用进行统一的测算，以便对事故和灾害进行全面综合的考察，以及考虑到安全经济系统本身与相关系统（如生产系统等）的联系，以货币价值作为统一的测定标量是最基本的方法。因此，提出事故非价值因素损失的价值化技术问题。

安全最基本的意义就是让生命与健康得到保障。安全科学技术的目的是保证安全生产、减少人员伤亡和职业病的发生，以及使财产损失和环境危害降低到最小限度。基于上述认识，安全经济学的研究任务之一就是要对事故和灾害中人的生命、健康、工效、声誉等非价值因素影响给以相对合理和明确的判断。当这些非价值因素确定后，要尽量用货币值或经济当量来反映。对在市场上可以交换的物品、劳务等，很容易计算货币值，而对那些没有价格或一般不能交易的非价值因素，就需要更深入的探讨和研究，寻求新的定量分析和估值的方法。

本章介绍目前国内外对事故及灾害过程中所导致的非价值对象损失的价值测算、评价理论和技术方法，并对工业事故及灾害非价值对象损失的经济分析意义、理论及应用方法进行

探讨。

5.1 事故非经济损失的构成

一般来说，事故发生后，造成的非价值损失主要包括生命与健康价值损失、工效损失、环境损失和声誉损失等方面。

1. 生命与健康价值损失

从社会伦理角度看，人的生命是无价的，是不能用实物和金钱计量的，通过金钱衡量生命价值有违社会道德。但是，在现实社会中，又需要存在生命价值的概念，尤其是当发生工伤事故时，要对人的生命定价，以确保受害人得到合理的经济赔偿，同时还有助于对事故的严重性和影响进行合理评估。有关生命价值评估的内容将在下一章详细介绍。

2. 工效损失

事故（特别是重大伤亡事故）的发生往往会给员工心理带来极大的影响，使得某些员工的劳动效率无法达到事故发生前的正常值，在其工作效率达到正常值之前的一段时间内的经济损失即为工效的损失价值。

3. 环境损失

环境破坏分为污染破坏与生态破坏。前者是指废弃物排放引起的环境污染，后者是指自然资源的非持续开发利用导致的生态退化。环境损失价值是企业根据环境破坏状态进行环境损失的实物量化与货币化。科学合理地计量环境损失是制定环境资源政策的关键。

4. 声誉损失

声誉是指某企业由于各种有利条件，或历史悠久积累了丰富的从事本行业的经验，或产品质量优异、生产安全，或组织得当、服务周到，以及生产经营效率较高等综合性因素，在同行业中处于较为优越的地位，因而在客户中享有良好的信誉，从而具有获得超额收益的能力，这种能力的价值便是声誉的价值。相应地，由于安全事故或者灾害等造成影响，使得企业的声誉降低，便是声誉损失。

5.2 工效损失价值计算

提高工作效率的实质，就是提高生产力水平，增加社会物质财富积累，加速社会发展的进程。工作效率是一项重要的综合经济指标，反映了一定时期内企业劳动资源总投入与产品（服务）总产出之间的比值关系，同时也间接反映了企业的产品水平和技术构成，是企业经济效益的有机组成部分。

5.2.1 工效损失的计量标准及评估模型

计量事故造成的工效损失，一般可使用价值指标、利税指标、净产值指标等。本章将使用价值指标，即以企业在事故发生前后的平均增加价值的减少额来衡量工效的损失价值。

事故发生前后企业的工作效率会发生一定的变化，这里假设：无事故发生时，企业的工作效率是一个较为稳定的值，而有事故发生时，工作效率会有一个先急剧下降而后又慢慢恢复的过程。假如事故发生前后的企业工作效率分别为$f_1(x)$、$f_2(x)$，如图 5-1 所示。

在不考虑货币时间价值时，图中阴影部分的面积即为事故的工效损失价值：

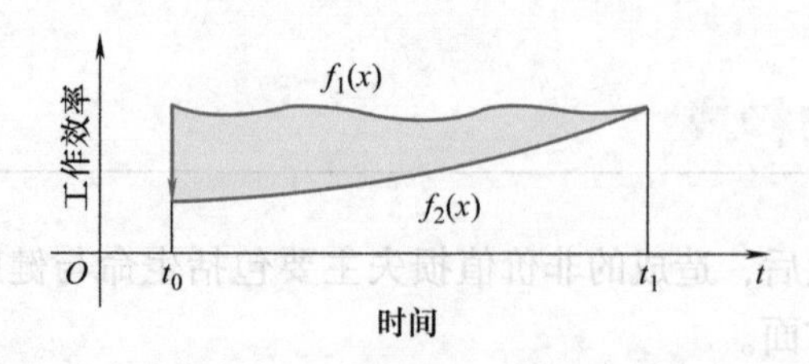

图 5-1 某企业在发生事故前后的工作效率损失情况

$$\Delta L = \int_{t_0}^{t_1} [f_1(t) - f_2(t)] \mathrm{d}t \tag{5-1}$$

式中 t_1——事故发生后时间；

t_0——事故发生时间；

ΔL——企业在事故发生前后的工效损失值。

对式（5-1）进行简化处理，假设 $f_1(x)$ 为一水平直线，$f_2(x)$ 为线性直线，如图 5-2 所示。

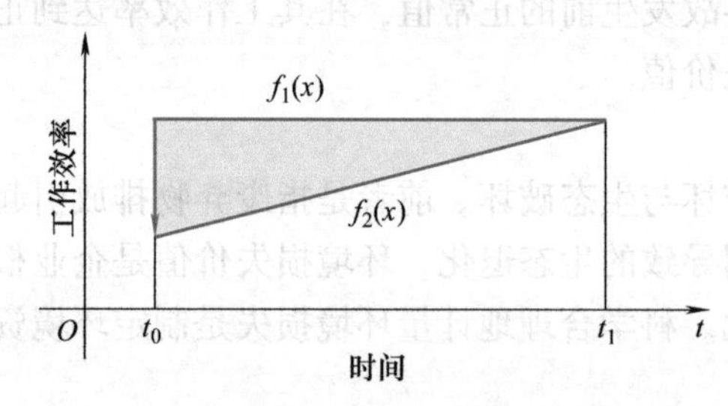

图 5-2 简化后的工效损失情况

在不考虑货币时间价值时，图中阴影部分的面积即为该企业的工效损失，即：

$$\Delta L = \frac{[f_1(t_1) - f_2(t_0)](t_1 - t_0)}{2} \tag{5-2}$$

若考虑货币的时间价值，上式可表达如下：

$$\Delta L = \int_{t_0}^{t_1} [f_1(t) - f_2(t)] \frac{1}{(1+i)^{t_1 - t_0}} \mathrm{d}t \tag{5-3}$$

式中 i——社会贴现率。

5.2.2 工效损失计算实例

某化工企业有工人 1385 人，上一年（按 300 天计）的总产值为 1.4 亿元。上月该企业发生了一起事故，停产 5 天，并且给员工带来了一定的心理影响，导致在一段时间内（40 天），工作效率下降 20%，即在 40 天内从原工作效率 80% 逐渐恢复至正常。求这起事故给企业带来的生产总损失。

企业一天的全员劳动生产率：

$$f_1(t_1) = \frac{1.4\text{ 亿元}}{300\text{ 天}} = 46.7\text{ 万元/天}$$

发生事故后全员劳动生产率：

$$f_2(t_0) = 46.7\text{ 万元/天} \times 0.8 = 37.36\text{ 万元/天}$$

事故造成的停产损失价值：

$$\Delta L_1 = f_1(t_1) \times \Delta t = 46.7\text{ 万元/天} \times 5\text{ 天} = 233.5\text{ 万元}$$

事故造成的工效损失价值：

$$\Delta L_2 = \frac{[f_1(t_1) - f_2(t_0)] \times (t_1 - t_0)}{2} = \frac{(46.7\text{ 万元/天} - 37.36\text{ 万元/天}) \times 40\text{ 天}}{2} = 186.8\text{ 万元}$$

事故造成的生产总损失为

$$\Delta L = \Delta L_1 + \Delta L_2 = 233.5\text{ 万元} + 186.8\text{ 万元} = 420.3\text{ 万元}$$

5.3 环境损失价值计算

企业发生事故后，带来的环境破坏给人类和社会造成了很大的伤害，对这种损失进行经济计算，进而以货币形式进行表示，是一件非常有意义但十分困难的工作。但环境损失的估算是一个很复杂的问题，它需要大量的统计与监测资料和科研工作作为基础，下面介绍四种估算技术。

5.3.1 直接基于市场价格的估值技术

1. 市场价值或生产率法

环境是一种生产要素，环境质量的变化导致生产率和生产成本变化，从而导致生产的利润和生产水平的变化，而产品的价值、利润是可以用市场价格来计量的。市场价值法就是利用因环境质量引起的产品产量和利润变化来计量环境质量变化的经济损失，用公式表示如下：

$$S_1 = V_1 \sum_{i=1}^{n} \Delta R_i \tag{5-4}$$

式中　S_1——环境污染或生态破坏的价值损失；

V_1——受污染或破坏物种的市场价格；

ΔR_i——某产品在 i 类污染或破坏程度时的损失产量；

i——一般分为三类（$i=1$，2，3），分别表示轻、重、严重污染或破坏。

ΔR_i 的计算方法与环境要素的污染或损失过程有关，如计算农田受污染损失情况可按下式计算：

$$\Delta R_i = M_i(R_0 - R_i) \tag{5-5}$$

式中　M_i——某污染程度的面积；

R_i——农田在某污染程度时的单产；

R_0——未受污染或类比区农田的单产。

2. 机会成本法

机会成本是指为了得到某种东西而所要放弃另一些东西的最大价值；也可以理解为在面临多方案择一决策时，被舍弃的选项中的最高价值者是本次决策的机会成本。在环境污染或连带的经济损失估算中，考虑到环境资源是有限的，被污染和破坏后就会失去其使用价值，在资源短缺的情况下，可利用它的机会成本来计算由此引起的经济损失：

$$S_2 = V_2 W \tag{5-6}$$

式中　S_2——损失的机会成本值；

V_2——某资源的单位机会成本；

W——某种资源的污染或破坏量，其估算方法也与环境要素和污染过程有关。

5.3.2 利用替代市场价格的估值技术

1. 人力资本法

没有人类活动就谈不上社会的发展，所以人是社会发展中最重要的资源。如果人类的生存环境受到污染，环境原有的功能就会下降，就会给人们带来健康的威胁甚至损失。人力资本法就是对这种损失的一种估算方法。

污染引起的健康损失可分为直接损失和间接损失两部分。

（1）直接费用

$$\text{直接用于医疗的费用(元/人)} = \text{患病或死亡人数} \times \text{归因于污染以致患病率或死亡率增加的百分数} \times \text{医疗费用} \tag{5-7}$$

（2）间接费用

间接费用包括以下部分：

1）因住院短期丧失劳动力损失，计算如下：

$$\text{因住院短期丧失劳动力损失} = \text{患病人数或死亡人数(估计其50\%不住院)} \times \text{住院天数} \times \text{净产值(按劳动生产率乘以国民收入系数0.5求得)} \tag{5-8}$$

2）因住院需陪住人员照顾的花费，一般按上述患者或死者间接损失的50%计算。

3）因早期死亡的损失，可由因早死所损失的工作日和人均净产值求得。计算时需有各年龄组有关疾病的死亡率、各年龄组的期望寿命，以及今后数年或数十年的人均净产值和贴现率。也可按假定各年龄组均可活到退休年龄（男60岁、女55岁）推算。

此方案中一些参数如劳动生产率、净产值、人均国民收入、各疾病的死亡率等均可以由各地的统计局和卫生局求得，但患病率、死亡率是需要进一步探讨的问题。

在此方法基础上通过修正的人力资本法估算，其公式如下：

$$S_3 = [P\sum_{i=1}^{n} T_i(L_i - L_{0i}) + \sum_{i=1}^{n} Y_i(L_i - L_{0i}) + P\sum_{i=1}^{n} H_i(L_i - L_{0i})]M \tag{5-9}$$

式中 S_3——环境污染对人体健康的损失值（万元）；

P——人力资本（取人均净产值）（元/（年·人））；

T_i——第 i 种疾病患者人均丧失劳动时间（年）；

H_i——第 i 种疾病患者陪床人员的平均误工（年）；

M——污染覆盖区域内的人口数（10万人）；

Y_i——第 i 种疾病患者人均医疗护理费用（元/人）；

L_i，L_{0i}——污染区和清洁区第 i 种疾病的发病率（1/10万）。

2. 工程费用法

事实上，环境的污染和破坏都可以利用工程设施进行防护、恢复或取代原有的环境功能，因此，可以将防护、恢复或取代其原有功能防护设施的费用，作为环境被污染或破坏带来的损失。事故造成的环境损失价值的计算可由下式完成：

$$S_4 = V_3 Q \tag{5-10}$$

式中 S_4——污染或破坏的防治工程费用（万元）；

V_3——防护、恢复或取代其现有环境功能的单位费用；

Q——污染、破坏或将要污染、破坏的某种环境介质与物种的总量，估算方法与环境要素和污染破坏过程有关。

3. 旅行费用法

旅行费用法作为一种评价无价格商品的方法，用于估算消费者使用环境商品所得到的效益。这个方法被广泛地用于当作商品看待的湖泊、江河和野营地等。但因为这些旅游场所常常只有很少人场费，或更多的是免费入场的，所以收集使用这些设施的付费不能全面地表征其价值，不能反映使用者实际愿意付出的费用。因此利用旅行费用法估算环境价值损失时，为了体现被破坏的环境的真正价值损失，除了考虑使用者的直接付费，还考虑使用者的总消费剩余（指消费者消费一定数量的某种商品愿意支付的最高价格与这些商品的实际市场价格之间的差额）。旅行费用法用于估算环境损失价值的公式如下：

$$\text{环境损失价值} = \text{使用者的直接付款} + \text{使用者的总消费剩余} \tag{5-11}$$

4. 资产价值法

此法的基本观点是一种资产的价值是该资产特征的函数。可以设一个区域按一个住房市场对待，而且住房市场已经或接近于平衡，那么房屋价格（P_i）、房屋特征（S_i）、位置特征（N_i）与空气污染水平（Q_i）的关系可以表示如下：

$$P_i = f(S_i, N_i, Q_i) \tag{5-12}$$

此函数为资产价值函数（或称享乐函数）。从中可见，环境质量（在此是空气质量）是资产价值函数的一个因子。从理论上讲，在其他因子不变的条件下，将式（5-12）积分，就可以求出该区空气质量的价值，或者说求出空气质量单位改善的边际支付愿望，一旦确定了居民对环境质量边际支付愿望的函数，就可以用来计算污染控制政策的效益。

5. 工资差额法

这种方法是运用工资差异确定环境质量和环境风险价值的技术。从工人的角度，一项工作可视为一种有差异的产品，即一种具有许多特征（如工作条件、职业风险程度或与有毒物接触机会等）的货物。因此往往利用高工资吸引工人到污染地区工作，或从事风险大的职业，如果工人可以在区域间自由迁移或调换工作，那么工作的差异部分归因于工作地点所处的环境不同（或其他特征不同），或者部分地归因于工作涉及的风险程度不同，因此，工资水平的差异能 反映出与工作或工作环境有关的部分特征的差异。

5.3.3　调查评价法

此法已用来估算公有资源或不能隔断的货物，如空气和水的质量，具有美学、文化、生态、历史或稀缺等特性的宜人资源和没有市场价格的商品，以及很难找到价值估计的危害（恶臭、噪声等）等经济损失。此法常用专家评估或环境污染受害者的反映来进行估算。此法分为两类：查询支付意愿或受偿意愿；询问关于表示上述意愿的商品与劳务的需求量。

既然工资是劳动力商品的价格，可将工资视为一种有差异的产品，企业往往利用高工资吸引工人到污染地区工作，或从事风险较大的职业，因此可以利用污染区和非污染区工人工资的差异来计算污染造成的经济损失。

$$S_5 = \sum \Delta P_i Q \tag{5-13}$$

式中 S_5——污染所造成的经济损失（万元）；

ΔP_i——污染区和非污染区的工资差，可取其平均值（万元/人）；

Q——在某一地区工作的工人数（人）。

这样，便可利用上述方法计算企业采取安全措施前后环境污染对应的经济损失值，其差值便是安全的价值。

5.3.4 基于环保费用的估值技术

当个人受到环境质量损害威胁或者影响时，可假设防护支出为一种必然性费用，通过为降低这种威胁或影响而负担的费用评估环境价值。该技术关注的是人们在其进行环境保护决策时，在环境损失评估与费用之间的权衡。其公式如下：

$$Q = \frac{S_6}{\Delta p} \tag{5-14}$$

式中 S_6——降低环境质量威胁或影响的防护支出费用（万元）；

Δp——降低环境质量威胁或影响的比例，估算方法与环境要素和污染破坏程度有关；

Q——污染、破坏或将要污染、破坏的某种环境介质与物种的总量，估算方法与环境损失、污染破坏过程有关。

根据费用的不同，基于环保费用的估值技术具体来说又分为防护费用法、恢复费用法、影子工程法。

1. 防护费用法

这种方法的出发点是：个人对环境质量的最低估价有时能够从他愿意负担消除或减少有害环境影响的费用中获得，这种方法又称防护性开支法或“消除设施”法。

2. 恢复费用法

这种方法的思想是：环境界受到破坏使生产性发展财富遭到损失，通过恢复或更新这种财富所需的费用，可以估算其受到的损失，由此可以对环境功能做出间接的评价。

3. 影子工程法

影子工程法是恢复费用技术的一种特殊形式。当环境服务难于评价或由于发展计划而可能失去时，经常借助于确定提供替代环境服务的补偿工程费用来排列替换方案的次序。

5.4 声誉损失计算

5.4.1 企业安全对声誉的影响

声誉是企业在可确指的各类资产基础上所能获得额外高于正常投资报酬能力所形成的价值，是企业的一项受法律保护的无形资产。可以想象，一个具备良好声誉的企业必定是一个安全状况良好、生产稳定的企业，否则，它不可能在竞争中处于有利的位置，更不可能在同行业中获得高于平均收益率的利润。安全生产与企业的声誉息息相关，企业的声誉离不开安全生产的保证，无法想象一个频频发生安全生产事故的企业能稳定地生产出（提供）质量优异的产品（服务），能不断得到客户的订单，能获得超额利润。一些特殊的行业，如交通运输（包括民航、水运、公路等）、建筑工程、矿山、石油化工、旅游、信息网络业等行业，安全生产状况对于企业建立良好的声誉具有重大的影响，安全生产是企业声誉的重要组成部分，如图 5-3 所示。

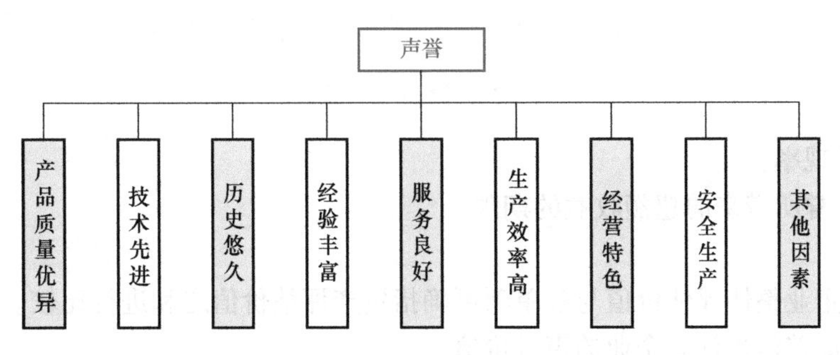

图 5-3 安全生产与声誉的关系

既然安全生产为企业获取高于同行业平均收益率提供了保障，企业良好的声誉离不开安全生产这一后盾，可以说安全生产这一无形资产对于企业声誉的树立和维护至关重要。换言之，一旦企业发生安全生产事故，企业的声誉就会受到不同程度的影响，严重时企业积累了多年的良好声誉会毁于一旦。如果企业因为安全生产事故失去了原有的良好声誉，要想消除影响，其所花费代价要比原来大得多。安全生产在企业声誉的创建和维护中起到了增加企业收益（增值）的作用，因此有必要研究企业安全声誉的价值。

如图 5-3 所示，安全生产是声誉的一个部分，为此欲求得安全生产相对应的价值，只需先求出声誉的价值，然后利用层次分析法求出安全生产占声誉的权重，相乘即可得到安全生产的价值。

5.4.2 声誉损失的估价

根据实际情况的不同，可采用超额收益法或割差法来进行估算。

1. 超额收益法

超额收益法将企业收益与按行业平均收益率计算的收益之间的差额（超额收益）的折现值确定为企业声誉的评估值，即直接用企业超过行业平均收益的部分来对声誉进行估算。

$$\text{声誉的价值}=\frac{\text{企业年预期收益额}-\text{行业平均收益率}\times\text{企业各项单项资产之和}}{\text{声誉的本金化率}}$$

$$=\frac{\text{企业各项单项资产之和}\times(\text{被评估企业的预期收益率}-\text{行业平均收益率})}{\text{声誉的本金化率}}$$

即：

$$P=\frac{D-RC}{j} \tag{5-15}$$

式中 P——声誉的价值；

D——预期收益额；

R——该行业平均收益率；

C——企业各项资产评估值之和；

j——本金化率，即把企业的预期超额收益进行折现，把折现值作为声誉价格的评估值。

如果以声誉在未来的一个期间内带来的超额收益为前提，可根据年金现值原理计算声誉价值，其公式如下：

$$\text{声誉的价值} = \text{预计年超额收益} \times \text{年金现值系数} \tag{5-16}$$

$$\text{年金现值系数} = \frac{1-(1+r)^{-n}}{r} \tag{5-17}$$

式中 r——贴现率；

n——声誉所带来的超额收益的期限。

2. 割差法

割差法将企业整体评估价值与各单项可确指资产评估价值之和进行比较。当前者大于后者时，则可用此差值来计算企业的声誉价值。

实际计算中，可以通过整体评估的方法评估出企业整体资产的价值，然后通过单项评估的方法分别评估出各类有形资产的价值和各单项可确指无形资产的价值，最后在企业整体资产的价值中扣减各单项有形资产及单项可确指无形资产的价值之和，所剩余值即企业声誉的评估值。其计算公式如下：

$$\text{声誉评估值} = \text{企业整体资产评估值} - \text{单项有形资产评估值之和} - \text{可确指无形资产评估值之和} \tag{5-18}$$

在声誉得到评估之后，就可以对事故所引起的声誉损失进行评估。在实际工作中，可以用以下公式来进行估算：

$$\text{事故引起的声誉损失值} = \text{声誉的评估值} \times \text{事故引起的声誉损失系数} \tag{5-19}$$

$$\text{声誉损失系数 } C_i = F(Y_i, W_i, M_i, N_{10}) \tag{5-20}$$

式中 C_i——企业 i 事故引起的声誉损失系数；

Y_i——企业 i 发生事故的严重程度；

W_i——企业 i 发生事故的影响范围；

M_i——企业 i 发生事故后受媒体的关注程度；

N_{10}——企业 i 近10年内发生事故的频率。

5.4.3 企业声誉损失的系数表

经过大量的资料调查，并借鉴了壳牌（中国）有限公司的声誉损失评估系数法得出了企业声誉损失的系数，见表5-1。

表5-1 企业声誉损失的系数

严重程度	受媒体的关注程度	影响范围	发生事故的频率		
			很少	适中	频繁
无伤害	无新闻意义	没有公众反应	无	无	无或很小
轻微伤害	可能有当地新闻	没有公众反应	无	无或很小（0.05）	很小（0.05）
较小危害	当地/地区性新闻	引起当地公众关注，受到一些指责，及媒体和政治上的重视，对作业者有潜在的影响	很小（0.05）	很小（0.05）	小（0.1）
大的伤害	国内新闻	引起区域公众的关注，大量指责，当地媒体大量报道，群众集会	小（0.1）	较小（0.15）	中（0.2）

（续）

严重程度	受媒体的关注程度	影响范围	发生事故的频率		
			很少	适中	频繁
一人死亡/全部失能伤残	较大的国内新闻	国内公众反应持续，不断指责，国家级媒体大量负面报道，群众集会	较小（0.15）	中（0.2）	大（0.3）
多人死亡	特大的国内/国际新闻	引起国际影响和关注，国际媒体大量负面报道和/或国际/国内政策关注，来自于群众的压力大	中（0.2）	大（0.3）	很大（0.4）
大量死亡	受到国际的非难	企业在政府、社会、国际市场等领域产生不可弥补的影响，企业无法在市场上生存	大（0.3）	很大（0.4）	很大（0.4）

5.4.4　声誉的维护

声誉是企业系统整体的反映，企业系统的诸多因素都会对声誉的价值产生影响，如技术装备、产品质量、价格水平、企业公共关系和企业安全状况等。概略地讲，可分为企业内部和外部两部分，即企业素质和企业形象及企业公共关系。维护企业声誉也应从这两方面入手。

1. 企业素质

企业素质是企业系统所具有的内在特征，包括职工素质、技术素质和管理素质。

（1）**职工素质**

企业职工素质包括领导素质、技术人员素质、管理人员素质、工人素质等。

人是生产力诸要素中最活跃、最基本的因素，只有提高人的素质，充分发挥人的主观能动性，才能获得企业的发展和经济效益的提高。提高企业职工素质，应从思想、专业、文化和身体四个方面入手，以实现职工素质的全面提高。

（2）**技术素质**

企业技术素质可分为硬技术素质和软技术素质。硬技术素质是指企业技术装备水平。它直接关系企业能否产出质量优良的产品，关系企业劳动生产率的高低，关系材料、能源的消耗以及成本的大小。软技术素质是指企业充分运用技术装备并加强生产控制，能不断地生产出适合用户需求的产品，满足用户的需要。提高企业的技术素质，不仅要注意提高企业的技术装备水平，及时淘汰落后设备，装备技术先进、效率高、消耗低的新设备，更重要的是努力提高企业的软技术素质。

（3）**管理素质**

企业管理是企业生产经营的重要内容。企业管理素质包括管理基础工作素质和各项专业管理工作素质，其中，安全管理人员的管理素质十分重要。企业的管理基础工作是为了实现企业的经营目标和各项管理职能提供资料依据、共同准则、基本手段和前提条件的必不可少的具体工作。比较完善的企业管理基础工作要求做到：加强标准化工作，整顿定额工作，健全计量工作，加强信息工作，加强基础教育工作。

各项专业管理工作主要包括：全面安全管理、全面计划管理、全面质量管理、全面经济核算、全面劳动人事管理，此外还有全员设备管理和全面能源管理等。提高企业管理素质，就是要在强化企业管理基础工作的同时不断提高各项企业管理工作质量。

企业职工素质、技术素质、管理素质构成了企业素质的总体框架，它们之间相互联系、相互制约。其中，技术素质是基础，管理素质是保证，而职工素质特别是企业经营者的素质是企业兴衰的关键。因此，提高企业的素质应当是这三个方面的全面提高。

2. 企业形象及企业公共关系

（1）企业形象

企业形象是指公众对企业所做的整体综合评价，及由此评价所形成的对企业的观感和印象。良好的企业形象能够扩大企业的影响和提高企业的信誉，拓宽企业市场，树立企业成员的荣誉感和自豪感，提高企业的社会、经济效益。

（2）企业公共关系

企业为了谋求自身的生存和发展，运用各种传播手段，在企业和社会公众之间建立了相互了解和信赖的关系，并通过公共关系的发展，在社会公众中树立了良好形象和信誉，以取得理解、支持和合作，促进企业目标的实现。企业公共关系与其他社会组织的公共关系的区别在于：①企业以提高企业经济效益和社会效益为目的；②顾客为企业外部主要公众；③企业以提高产品质量和服务质量为公关活动的基础和主要手段；④职工为企业内部的主要公众。

对事故非价值因素的测算技术应该注意如下几点：

（1）对事故的非价值因素进行价值测算，特别是对人的生命和健康价值的评价，其目的是反映人类生活实践中，其价值操作的（处理价值实际问题的）客观和潜在的状态，而并非从伦理、道德上对人的总体价值进行评价。它的目的基于明确的实用性——指导实践活动，并非伦理性。即在处理这一经济学命题时，把人作为“经济人”对待，而非“自然人”，是对生命过程中的社会经济关系进行考察，反映人一生的经济活动规模，而非人体的经济价值。

（2）由于事故非价值因素的价值评价是一个复杂、困难的问题，因此需要发展和研究相应的理论和方法。并且，针对不同的评价对象要用不同的评价方法，不同的评价方法也只适用于特定的对象。在解决实际问题时，应因事而异，因时而异。

（3）目前中国在劳动安全、灾害领域这方面的研究还刚刚起步，但在环境、保险方面，已有一些成果和应用实践，从而为劳动安全、劳动保护界这类问题的研究和解决提供了基础和借鉴。因此，应充分利用国内外这方面的研究成果，推动劳动安全和灾害领域的理论研究和应用研究，使安全投资管理和决策工作更科学、合理、高效。

本章小结

事故不仅造成直接的经济损失、间接的经济损失，同时可能会损害人的生命与健康、降低生产系统的工效、破坏环境，并会给企业带来负面的影响。合理估算事故非经济损失对全面进行事故损失评估、正确认识安全效益具有重要意义。

本章首先介绍了事故非经济损失的构成，即主要由生命与健康价值损失、工效损失、环境损失和声誉损失构成；其次分别介绍了工效损失、环境损失、声誉损失的计算和估值方法，并通过实例加深对各种评估方法的理解和应用。

思考与练习

1. 简述事故非经济损失包括哪些方面。

2. 如何认识和理解人的生命与健康的价值?

3. 工效损失的计量标准及评估模型是什么?

4. 2018 年某企业发生火灾之前有职工 7000 人，2017 年（按 300 个工作日计算）的总产值 36 亿元。发生火灾之后，企业停产 30 天；同时，火灾给职工带来了一定的心理影响，导致在灾后 200 天内工作效率下降了 20%，此后完全恢复了生产。求火灾给该企业带来的工效损失。

5. 简述环境损失价值主要评估方法和模型。

6. 简述安全生产与声誉的关系。

7. 结合一个实际案例分析事故的声誉损失。

8. 假设 2017 年年初某化妆品生产厂预计收益 80 亿元，当年我国化妆品行业平均收益率为 30%，而该厂的资本总额为 50 亿元。求 2017 年该厂的声誉价值。

9. 简述声誉损失的估价方法。

10. 如何维护企业声誉?

第 6 章 生命的经济价值评估

本章学习目的

了解评估生命经济价值的意义
掌握用人力资本法评估生命经济价值
掌握用支付意愿法评估生命经济价值

6.1 评估生命经济价值意义概述

生命的价值是一个古老的话题，但以往有关生命价值的讨论很少涉及对生命价值用货币进行估算。通常人们认为生命是无价的，不能用货币来衡量生命的价值，至少从伦理学的角度生命价值估算是行不通的。但伴随着生命价值问题讨论的深入进行，对生命价值进行适当的经济估算是不可避免的。例如，考虑这样一个问题：某人因一起严重伤亡事故（如车祸）而死亡，那么其家属应该向肇事者索赔多少才算合理？在这种情况下，确定合理赔偿标准便需要对生命价值进行量化估计。此外，生活中存在许多死亡风险，这些风险可能会危及人的生命。为维护自身安全，人们往往会考虑花一笔费用来降低这些风险，如果要问人们花这笔费用到底值不值，那估算出这笔费用带来的收益即生命的价值，是一条比较可行的方法。但估算出生命价值并不意味着：当已知一个人的生命濒于危险时（比如发生矿难，被埋于矿井），如果拯救成本大于所估计的生命价值，则放弃营救。因为对于每一个确定的人来说生命是无价的，它只有一次，因此花费任何代价都必须拯救。同样，估计出生命的价值也不意味着有人会为接受这笔钱而放弃生命。

那么，对生命经济价值进行估算到底意义何在？举个例子：如果政府花费一笔经费来治理空气污染，减少每年因空气污染死亡的人数，这些人可能是人口中的任何人，而非特定某些人，因此这时被拯救的人代表一种统计上的概率，通常称之为统计性的人口，此时估计出的这些人口的统计性生命价值则代表空气污染治理的收益。这个例子说明之所以估算生命价值，是因为估算出的生命价值代表了风险降低政策的收益，可以作为政府分配资源时的一个指标。

如果明确揭示现实安全管理决策中包含的人的生命价值，人们可以更明智地做出选择；如果仍使人的生命价值处于隐含状态，则人们可能会做出不利于社会和自身的选择。

综上，评估生命经济价值的意义在于：

1）在构建生命经济价值评估理论体系方面做一些探索性的工作。目前我国的事故损失评估比较复杂，并且方法不同，统计结果差异很大，尤其是对死亡事故的损失更难估计。国内对于人的生命经济价值的研究尚处于起步阶段，随着我国改革的持续深入和经济的不断发展，迫切需要建立与我国市场经济发展水平相适应的死亡赔偿制度，为有效统计，有必要为生命定价，建立起一套完善的生命经济价值评估理论体系。

2）迫使企业加强安全生产管理的需要。企业安全投资不仅能够带来经济效益，而且能够带来社会效益。因此，如果要合理分析安全投资效益并对安全投资效益进行科学评价，就必须正确估算出事故的经济损失。通过在实际安全经济活动中对生命进行合理的估价，使得相关部门及企业对工伤事故赔偿有相应的理论和标准，并让企业承担巨额的赔偿费用，从而激发企业业主增大安全投入的动力。一旦长期被严重低估的工伤事故经济损失显现出其本来面目，企业（特别是中小企业）业主就能从自身的经济利益出发，真正重视并加大安全生产管理，从而增加安全投入的主动性，企业的安全生产形势才能实现根本好转。

近几十年来，各国学者从不同的角度、采用不同的方法对生命经济价值进行了定性研究与定量分析，虽然其观点和方法看起来各异，但概括起来，最常用的是人力资本法和支付意愿法，其中支付意愿法又分为工资风险法、消费者市场法和条件价值法三种类型。

6.2 人力资本法评估生命经济价值

在生命经济价值评估方法中，国内普遍使用的是人力资本法，而国外主要使用支付意愿法。在支付意愿法三种类型中，由于消费者市场法获取数据较难，消费者市场上的风险以及产品的货币价值很难观测，因此国外研究生命经济价值主要用的是工资风险法和条件价值法。

6.2.1 人力资本法概述

人力资本法（Human Capital Method，HCM）将个人看作一种资本，一旦过早死亡，就会损失其潜在的产出能力，因此，以一个过早死亡者原先预期的未来收入扣除其消费额后的净收入贴现值来衡量其价值，也就是对逝去的人而言，估算假若他还活着，他能为其家人创造多少财富。

通常以工资或者收入表示一个人的产出能力，考虑贴现率，可以粗略估算出人的生命经济价值。与其他评估方法相比，人力资本法评估生命经济价值所需要的数据容易收集，比较容易定量，并且数值相对较稳定。同时，许多研究者也指出人力资本法也存在一些缺陷：首先，该方法仅涉及个人目前与将来收入之间的联系，却没有考虑人们对安全或生命的估价，利用该方法评估的生命经济价值通常比较低；其次，由于在现实的劳动力市场存在一些歧视性因素，而人力资本法却将存在的市场歧视和其他制度因素导致的收入差别也换算成了个体生命经济价值的差别；此外，人力资本法还极易受贴现率大小的影响。

1. 国外人力资本法的研究

传统的人力资本法长期被用来评估环境质量和工伤事故等对健康损害的价值，或者由于采取控制措施和安全技术措施而获得的效益。

莱克（Ridker）是较早将人力资本法应用在这方面的学者之一，他对过早死亡和医疗费用开支的计算公式如下：

$$V_x = \sum_{n=x}^{+\infty} \frac{(P_x^n)_1 (P_x^n)_2 (P_x^n)_3 Y_n}{(1+r)^{n-x}} \tag{6-1}$$

式中　V_x——年龄为 x 的人的未来总收入的现值；

$(P_x^n)_1$——该人活到年龄 n 的概率；

$(P_x^n)_2$——该人在 n 年龄内具有劳动能力的概率；

$(P_x^n)_3$——该人在 n 年龄内具有劳动能力期间内被雇用的概率；

Y_n——该人在 n 年龄时的收入；

r——贴现率。

1972 年，米山（Mishan）对上述公式进行了改进，其具体形式如下：

$$V_x = \sum_{t=T}^{+\infty} Y_t P_T^t (1+r)^{-(t-T)} \tag{6-2}$$

式中　V_x——年龄为 T 的人的未来总收入的现值；

Y_t——预期个人在第 t 年内所得的总收入或增加的价值，扣除由他拥有的任何非人力资本的收入的余额；

P_T^t——个人在现在或第 T 年活到第 t 年的概率；

r——贴现率。

此后，人们仍对人力资本法进行改进，改进的人力资本法如潜在寿命损失年（YPLL）法和伤残调整生命年（DLAY）法，将直接计算生命经济价值调整为评估每个生命年的价值，这是对传统人力资本法的重大改进。其中 YPLL 法的计算公式如下：

$$Y = Y_1 + Y_2 \tag{6-3}$$

$$Y_1 = M_1 \cdot \mathrm{YPLL}_a \cdot P_1 \tag{6-4}$$

$$M_1 = NR_1A_1 \tag{6-5}$$

$$Y_2 = M_2TP_2 \tag{6-6}$$

$$M_2 = NR_2A_2 \tag{6-7}$$

式中　Y——环境污染造成的健康损失价值；

Y_1——因污染致过早死亡的健康损失价值；

Y_2——因污染致发病增加的健康损失价值；

M_1——因污染致过早死亡人数；

M_2——因污染而增加的发病人数；

N——所论地区人口总数；

R_1——所论地区总死亡率；

R_2——所论地区总发病率；

A_1——死亡原因中归因于污染的系数；

A_2——发病原因中归因于污染的系数；

YPLL_a——每例死亡者的平均潜在寿命损失年；

P_1——社会人均年工资额；

P_2——每例患者每天平均工资、医疗费和陪伴费之和；

T——每例患者平均误工天数。

DLAY 法与 YPLL 法极为相似。它们的不同之处在于，DLAY 法考虑了一种疾病对人体健康生命的慢性耗损（残疾）和急性毁灭（早逝）。因为人体受到环境污染伤害后，其健康受损通常是渐变的，发作时间有的很长，表现为慢性病且慢慢演变为死亡。因此，DLAY 法可以比较一个长期的死亡风险小的慢性病和一个短期的死亡风险大的急性病哪个对人造成的损失更大。

虽然人力资本法最早用于评估人的生命经济价值，但是其方法本身的不足不断受到学者的抨击。20 世纪 50 年代以后，随着福利经济学对消费者剩余、非市场化商品等公共产品的价值评估，研究者开始利用其他方法评估生命经济价值，尤其是谢林（Schelling）1968 年发表了著名论文《你所挽救的生命也许就是你自己》，阐述人力资本法存在的弊端以后，大部分国外研究者开始放弃人力资本法，转而选择支付意愿法进行生命经济价值评估。尽管如此，目前世界银行和世界卫生组织仍然在发展中国家利用人力资本法计量健康、安全效益的货币价值。

2. 国内人力资本法的研究

目前，国内对于生命经济价值的研究尚且不足，且主要是应用人力资本法估算生命经济价值，以下是国内一些研究者利用人力资本法测定生命经济价值的具体思路。

（1）工作损失估算法

按照《企业职工伤亡事故经济损失统计标准》（GB 6721—1986），因工死亡一名职工按 6000 工作日计算工作损失价值，该方法计算公式如下：

$$V_{\mathrm{w}} = \frac{D_{\mathrm{L}}M}{SD} \tag{6-8}$$

式中 V_{w}——工作损失价值；

D_{L}——一起事故的总损失工作日，死亡一名职工按 6000 工作日计算，受伤职工视伤害情况根据《企业职工伤亡事故分类》（GB 6441—1986）的附表确定；

M——企业上年利税；

S——企业上年平均职工人数；

D——企业上年法定工作日数。

从公式可知，工作损失价值反映的是死亡职工少为社会创造的价值，因此 V_{w} 不能直接表现人的生命经济价值。

梅强等（1997）从全面分析生命经济价值的角度，认为生命经济价值由三方面构成：一是由于员工死亡少为企业和国家做的贡献，用工作损失价值来表示；二是由于职工死亡少创造的个人收入；三是国家和社会等为其投入的费用。其表达式如下：

$$C_{\mathrm{L}} = D\frac{M}{SD_0} + DL + F \tag{6-9}$$

式中 C_L——人的生命经济价值；

D——事故总损失的工作日数，其含义是将职工正常退休年龄与因工死亡时年龄的差额乘以年法定工作日数；

M——企业（或行业）上年利税水平；

S——企业（或行业）上年度职工数；

D_0——企业法定的工作日数；

L——职工的日工资额及各种附加收入；

F——劳动力培养费，主要视其文化程度而定，需确定从婴儿培养成具有一定文化程度的劳动力需要的费用。

屠文娟等（2003）对式（6-4）进行补充和完善，并加入由于死亡所造成的精神损失。

（2）**工作价值估价法**

王亮等（1991）在早期提出了一种根据工作创造的价值来测定生命经济价值的近似计算公式：

$$V_h = \frac{D_H M_{v+m}}{SD} \tag{6-10}$$

式中 V_h——人的生命经济价值；

D_H——人的一生平均工作日，可按12000天即40年计算；

M_{v+m}——企业上年净产值；

S——企业上年平均职工人数；

D——企业上年法定工作日数，可按300天计算。

由上式可知所估算的生命经济价值是指人的一生中所创造的经济价值，它不仅包括人死后少创造的价值，而且还包括死者生前已经创造的价值。

在实际计算中，由于不易获得数据，为计算简便，人们常对以上介绍的计算方法进行简化或改动，有人按照人力资本估计提出一种简单的算法，这种方法完全取决于个人一生的收入或消费，具体计算公式如下：

$$V = YA \tag{6-11}$$

式中 V——生命经济价值；

Y——预期寿命；

A——人均国民生产总值、人均国民收入、人均消费、职工人均工资或收入、城乡人均工资或收入等。

这种方法简便易行，但比较粗糙，特别是当统计方法、职业、地区、消费等不同时，估计出的生命经济价值也大不相同；此外，该方法也未考虑资金的时间价值和通货膨胀等因素。

（3）**生命阶段模型法**

王亮（2004）通过构建的生命阶段模型进行研究，他将人的一生分为青年期、中年期和老年期，那么人的一生不同时期的经济价值就分别是青年期的生命经济价值、中年期的生命经济价值和老年期的生命经济价值，因此，统一后模型如下：

$$V_h(t) = V_v(t) + V_m(t) + V_o(t) \tag{6-12}$$

式中 $V_h(t)$——一个人一生的经济价值；

$V_v(t)$——青年期生命的经济价值；

$V_m(t)$——中年期生命的经济价值；

$V_o(t)$——老年期生命的经济价值。

（4）**生命经济价值动态评估法**

廖亚立（2008）认为，生命经济价值具有动态性，人在不同的生命阶段，生命经济价值规律是大不相同的，因此，应分段设计生命经济价值动态评估模型。他分别设计了宏观生命经济价值模型和微观生命经济价值模型，其中微观生命经济价值模型包括未成年人、体力劳动者和脑力劳动者三种生命经济价值模型。

此外国内外还有一些其他估计方法，见表 6-1。

表 6-1 国内外利用人力资本法评估生命经济价值的部分研究成果

研究者（发表年）	评估对象	备注	生命经济价值
王国平（1988）	30 岁因公死亡职工	企业职工经济损失统计	1.14 万元
王亮，等（1991）	企业职工	假设职工每个工作日人均净产值为 5 元	6 万元
梅强，等（1997）	具有高中文化的企业员工	假设培养费用为 6 万元	38 万元
靳乐山（1997）	北京居民	根据美国人生命经济价值与工资比例折合计算北京市民	50 万元
世界银行（1997）	农村人口和城市人口	根据美国人生命经济价值与工资比例折合计算我国人民	3.18 万～6 万美元
李旭彤，等（1999）	平均人	按照人均终生 GDP、GNP、工资、消费、收入等计算	6.6 万～15.9 万元
屠文娟，等（2003）	具有高中文化的员工	假设精神损失为 4.3 万元	72 万元
王亮（2004）	26 岁中国体力劳动者	生命阶段模型	65.76 万元
王玉怀（2004）	40 岁的初中毕业矿工	设置生命经济价值系数	42.5 万元
王胜江（2007）	我国死亡赔偿员工	按美国赔偿建立模型分析我国赔偿额标准	35 万～65 万元
廖亚立（2008）	体力劳动者和脑力劳动者	生命经济价值动态评估法	70 万～104 万元
程启智，等（2014）	中国煤炭工人	考虑了个人产值及其增长率、失业率	435.75 万元

6.2.2 人力资本法评估模型

1. 评估假设

由于人的生命是指一个人生的时点到死的时点之间的状态，因此，生命经济价值的测定应包括一个人的一生，并可分成不同的生命阶段：未成年人、参加工作的成年人（以下简称成年人）和老年人。成年人是社会财富的主要创造者，老年人是成年人的自然延续，在企业，虽然有法定的退休年龄，但退休后并不等于不工作了，同时老年人的消费支出额也是一个巨大的数字，因此本书将成年人与老年人统一作为研究的重点，为能够准确地计算出生命经济价值，暂且不考虑未来收入的风险因素。

结合国内外研究，综合考虑，使用人力资本法估算的生命经济价值应包括两部分内容：一部分主要是生命的基本价值，即由劳动创造的价值，这是由个人劳动能力决定的；另一部分是附加价值，主要由社会和家庭等投入，主要包括精神价值。

本书将结合收入现值和成本估算的思想，考虑估算基本价值和附加价值，即在成年人阶段，劳动者除了在未成年阶段的教育等投入支出外，主要还通过工作获得收入价值，同时为社会创造价值，将这些作为生命经济价值的基本价值部分。另外生命本身不仅仅是人力资本，作为自然人的劳动者，存在精神价值，这成为生命经济价值的附加价值。

2. 相关参数设计

由上述设计总体思路可知，人力资本的价格包含四部分内容：初始投资价值、为社会创造的价值、为自己创造的价值和精神价值。综上，对于一个普通劳动者生命经济价值的评估模型，模型中的参数包括以下几个方面。

（1）初始投资价值 V_1

所谓人的初始投资价值，是指人们在参加工作以前的各项成本支出，这部分投入成本将要转化到生命经济价值中去，主要包括生活支出、医疗健康支出以及教育支出等。由于每个人的投资支出数额不同，因此在模型计算中可以运用年鉴统计数据求出不同年龄段的平均支出。

（2）为社会创造的价值 V_2

劳动者为社会创造的价值是人的生命经济价值中的重要部分，在这里可以运用企业（行业）的利税表示劳动者为社会做出的贡献。

（3）为自己创造的价值 V_3

劳动者除了为社会创造价值外，还为自己创造价值，这是劳动者生命经济价值中最重要的部分。这部分价值的表现形式应该是劳动者的收入，但是在实际应用中"收入"的概念比较宽泛，可以运用劳动者的工资表示这部分价值表现形式。

（4）精神价值 V_4

精神价值很难通过精确的金钱进行衡量，因此，需要将生命经济价值的精神价值分量与生命经济价值的其他部分联系起来，解决无法衡量其本身价值的难题。可以设计一个系数（精神价值系数），使得精神价值分量的大小依靠生命经济价值中为自己创造的价值部分，同时精神价值也与影响受害者家属心理的因素密切相关。将人的精神价值最高值的年龄设为35岁，人的平均寿命设为73岁，可将成年人的精神价值系数设计如下：

$$s = 0.1 \times \left(1 - \frac{|35 - i|}{73}\right)\frac{W}{W_{\text{home}}} \tag{6-13}$$

式中　s——精神价值系数；

W——工资年收入；

W_{home}——家庭工资总收入；

i——年龄。

因此，精神价值 V_4 可表示为精神价值系数 s 与劳动者为自己创造价值 V_3 的乘积，即：

$$V_4 = sV_3 \tag{6-14}$$

3. 计算公式

考虑到贴现率的影响、上述对劳动者的参数设计及公式描述，设计其生命经济价值公式计算如下：

$$V = V_1 + V_2 + V_3 + V_4 \tag{6-15}$$

其中：

$$V_1 = \sum_{i=0}^{n} C\,(1 - c)^{N-i}\,(1 + x)^{N-i} \tag{6-16}$$

$$V_2 = \sum_{i=n}^{N} B(1-b)^{N-i}(1+x)^{N-i} + \sum_{i=N+1}^{R} B(1+b)^{i-N}(1+x)^{N-i} \tag{6-17}$$

$$V_3 = \sum_{i=n}^{N} W(1-w)^{N-i}(1+x)^{N-i} + \sum_{i=N+1}^{73} W(1+w)^{i-N}(1+x)^{N-i} \tag{6-18}$$

综上：

$$\begin{aligned} V &= V_1 + V_2 + V_3 + V_4 = V_1 + V_2 + (1+s)V_3 \\ &= \sum_{i=0}^{n} C(1-c)^{N-i}(1+x)^{N-i} + \left[\sum_{i=n}^{N} B(1-b)^{N-i}(1+x)^{N-i} + \sum_{i=N+1}^{R} B(1+b)^{i-N}(1+x)^{N-i}\right] + \\ &\left[1 + 0.1 \times \left(1 - \frac{|35-i|}{73}\right)\frac{W}{W_{home}}\right]\left[\sum_{i=n}^{N} W(1-w)^{N-i}(1+x)^{N-i} + \sum_{i=N+1}^{73} W(1+w)^{i-N}(1+x)^{N-i}\right] \end{aligned} \tag{6-19}$$

式中 V——生命经济价值；

V_1——个人初始投资的价值，包括生活、健康和教育等支出；

V_2——个人为社会创造的价值；

V_3——个人为自己创造的价值；

V_4——精神价值；

C、B、W——基准年的生活各项费用支出、人均企业（行业）净利税、工资收入；

c、b、w——模型设计参数，分别代表平均生活支出费、人均净利税、平均工资收入在基准年以前，前一年比后一年的平均倒推递减率，同时它也代表在基准年以后，各种费用每年的平均增长率；

W_{home}——基准年的家庭工资总收入；

s——精神价值系数；

n——开始工作年龄或者为离开学校年龄；

N——基准年的年龄；

R——退休年龄；

i——年龄；

x——贴现率。

上述模型计算的是生命经济价值的存量，而不是流量。由于事故发生的偶然性，人在生命中不知何时遇上灾祸，计算人一生价值的总和，估算的应是死亡那一年的生命经济价值。他的生命经济价值包括生前的投资价值和为自己与社会所创造的全部价值，也包括假如能活到平均年龄 73 岁，为自己与社会所创造的全部价值，因此这是一个既求终值又求现值的公式。

而在实际评估中，由于获取数据的限制，为了简化分析过程，本评估暂不考虑企业经济增长率、工资增长率以及贴现率的影响。模型中相关参数一律使用全国平均数据，通过《统计年鉴》中反映的农村和城镇经济水平不同，分别给出不同的参考数据。

因此新的简化模型可调整如下：

$$\begin{aligned} V &= V_1 + V_2 + V_3 + V_4 = V_1 + V_2 + (1+s)V_3 \\ &= \sum_{i=0}^{n} C + \sum_{i=n}^{R} B + \left[1 + 0.1 \times \left(1 - \frac{|35-i|}{73}\right)\frac{W}{W_{home}}\right]\sum_{i=n}^{73} W \end{aligned} \tag{6-20}$$

式中各参数表示意义与式（6-19）相同。

6.3 支付意愿法评估生命经济价值

支付意愿法主要基于风险交易理论，该方法估算人的生命经济价值的前提是“人的生命经济价值可以通过考察一个人愿意为减少死亡风险而支付的金额来进行估计”。换言之，运用支付意愿法估算人的生命经济价值，并不意味着完全消除死亡风险，也不是估算一个具体的人的生命经济价值，而是估算降低一定死亡概率的价值，这在数学上代表一个“统计学意义上的生命经济价值”（Value of a Statistical Life，VSL）。以下主要介绍支付意愿法的三种类型：工资风险法（Wage Risk Method，WRM）、消费者市场法（Consumer Market Method，CMM）、条件价值法（Contingent Valuation Method，CVM）。

6.3.1 工资风险法

工资风险法是利用劳动力市场中死亡风险大的职业工资高（其他条件相同时）的现象，通过回归分析控制其他变量，找出工资差别的风险原因，进而估算出人的生命经济价值。事实上，它是通过考察当死亡风险增加时，一个人希望得到的额外工资额来确定生命经济价值的。这一方法的前提是工人会在工资与风险之间进行权衡，并且工人已知与工作有关的风险信息，可以自由选择职业。例如，在摩天大楼的玻璃幕墙进行清洁工作和在普通室内进行清洁工作，两者的工资理应是有差别的。

工资风险法基于对劳动力市场实际行为的观察，但是，劳动力市场所提供的有效数据可能达不到所研究风险类型或者某些特殊群体工资风险交易的需要，并且存在研究者是否确实将风险-价格均衡分离出来这一计量经济问题，在劳动力市场中，还有许多非货币因素与风险有关，因此必须将风险-价格均衡分离出来。另外，所有的研究结论基于“理性人”假设，如果劳动者没有完全理解风险，或是没有理性地做出反应，则均衡便没有建立在客观风险之上。

亚当·斯密（Adam Smith）于1776年就提出享乐主义工资思想，并指出工资差别的五种因素，其中之一是“劳动工资因工作有难易、有污洁、有尊卑而有所不同”。塞勒（Thaler）和罗森（Rosen）（1976）是较早通过工资风险法研究生命经济价值的学者，他们主要使用职业死亡的保险统计数据作为计算依据，而不是与职业有关的死亡数据，因而计算得出的生命经济价值较低。维斯卡西（Viscusi）等（2003）综述了30年来运用揭示性偏好法评估生命经济价值的相关研究，其中，有30多位研究者利用美国劳动力市场数据，运用工资风险法对统计意义上的生命进行了估算，其中，近半数的研究人员估算的生命经济价值在500万~1200万美元之间。马林（Marin）等（1982）首次利用美国劳动力市场以外（即英国）的数据估算出人的生命经济价值为350万美元。之后，尝试利用其他发达国家以及发展中国家的调查数据进行生命经济价值估价的研究者越来越多，如拉诺伊（Lanoie）等（1995）利用加拿大劳动力市场的数据得出的生命经济价值大约为1800万~2000万美元。尚穆加姆（Shanmugam）（2000）对印度南部地区的制造行业中的蓝领男性雇员进行调查，利用工资风险法估计的生命经济价值为76万~102.6万美元；金（Kim）等（1999）利用韩国劳动力市场调查数据，估计出的生命经济价值为50万美元。

国内应用工资风险法评估生命经济价值的学者较少。查阅文献可知，罗云（1994）、靳乐山（1999）、王亮（2003）、程启智（2005）等学者是我国大陆较早介绍运用工资风险法评估人的生命经济价值的学者，但并没有进行实证研究；台湾学者薛立敏等（1987）通过台北劳动力市场资料实证研究估算台湾人生命经济价值为1200万~3400万元台币；赵妍等（2007）利用工资风险法通过半对数模型测算煤矿工人的生命经济价值为348.95万元。随着我国社会经济的快速发展，劳动者的风险意识在不断增强，劳动力工资与风险的联系将会越来越紧密，通过工资风险法研究生命经济价值的国内学者将会越来越多。

一些国内外学者利用工资风险法估算生命经济价值方面比较有代表性的成果见表6-2。

表6-2 一些国内外学者利用工资风险法估算生命经济价值的代表性研究成果

研究者（发表年）	数据来源国家	风险类型	生命经济价值评估值
Thaler 和 Rosen（1976）	美国	职业死亡风险	20万~60万美元
Viscusi（1978）	美国	工作主观风险	530万美元
Marin 等（1982）	英国	职业死亡风险	350万美元
Gegax 等（1991）	美国	工作风险	210万美元
Lanoie 等（1995）	加拿大	工作主观风险	1800万~2000万美元
Shanmugam（2000）	印度	工作风险	76万~102.6万美元
Kim 等（1999）	韩国	工作风险	50万美元
赵妍，等（2007）	中国	煤矿工作风险	348.95万元
Naghmeh 等（2016）	欧洲	工作风险	36万~127.7万美元
杜乐佳（2016）	中国	职业死亡风险	5751.30万元

6.3.2 消费者市场法

消费者市场法利用一些使用防护措施可以降低死亡风险（如汽车安全带、空气净化器、灭火器等）的消费行为，根据防护费用的支出所能带来的风险降低值，计算出统计生命经济价值，该方法关注的是人们进行消费决策时，在风险与价格之间的权衡。例如，空气净化器可以减轻空气污染而降低健康风险，假如空气净化器的价格是150元，它能降低的死亡风险概率是1/10000，则这一消费决策中隐含的生命经济价值是150万元。

消费者市场法与工资风险法的理论基础相同，所分析的都是个人的可观察行为。主要区别在于，消费者市场法对相应产品价格进行估计，而工资风险法则是估计工资收入。但消费者市场的风险和产品属性的货币价值难以观测，因此，相应的研究结果远远不如工资风险法可靠。

6.3.3 条件价值法

1. 条件价值法概述

条件价值法在假定的市场环境下，直接求出人们对风险降低的支付意愿，即在人群中进行抽样调查，询问人们为降低特定数量的死亡风险而愿意支付的金钱，由此求出人的生命经济价值。根据维斯卡西（Viscusi）（1993）的分析，条件价值法可以避免上述两种支付意愿法存在的问题：首先，利用条件价值法不必将风险-价格均衡变量分离出来，或者是进行理性消费假设；其次，利用条件价值法得出的结果适用于一般人群，并不局限于工人和消费者；三是，条件价值法依赖于调查，而不是人的实际行动，研究者可以通过对调查样本及调查程序的设计，获取预想的信息。

条件价值法的优点也恰恰是其受到批评的来源。由于条件价值法是通过观察人们在模拟市场中的行为，而不是在现实市场中的行为来进行评估的，即不产生实际的货币支付，因此，可能会出现各种偏差；另外，由于没有一个客观的价值标准，不同人群得出的数值会有较大差异。因此，调查问卷的设计、调查程序的控制是应用条件价值法的关键，直接影响条件价值法应用的有效性和可靠性。

条件价值法的思想最初由西里阿希-旺特卢普（Ciriacy-Wantrup）于1947年提出，他指出土壤侵蚀防治措施会产生公共物品的“正的外部效益”，而这种效益无法直接测定，因此可通过调查人们对这些效益的支付意愿来评价这些效益。戴维斯（Davis）于1963年首次正式将条件价值法应用于研究美国缅因州林地宿营、狩猎的娱乐价值。经过几十年的发展，条件价值法在西方被运用到各个领域，如生态价值、健康安全、生命经济价值等诸多领域的价值评估。据米切尔（Mitchell）等（1989）统计，从20世纪60年代初到20世纪80年代末的20余年时间里，公开发表的条件价值法研究案例有120例；卡森（Carson）（1998）统计世界上40多个国家的条件价值法研究案例已超过了2000例；据美国加州大学经济系2001年的统计表明，20世纪90年代以来（主要是最近几年）用条件价值法评估非市场资源价值的文献达500多篇。

谢林（Schelling）于1968年首次将条件价值法应用于评估人的生命经济价值，并指出评估人的生命经济价值不应该表述为“一条人命值多少钱”，而应该表述为“为了降低死亡的概率，社会的支付意愿是多少”。哈米特（Hammitt）等（1999）对1984—1998年间利用条件价值法估算生命经济价值及健康价值的25篇文献进行回顾，其中，最具影响力的是琼斯-李（Jones-Lee）等（1985）接受英国交通部的委托，在全国范围内选取样本，得出的生命经济价值为50万美元。相比之下，以职业风险为背景，评估生命经济价值的研究者较少。首位研究降低职业死亡风险的支付意愿学者是格金（Gerking）（1988），他得到被访者降低风险的支付意愿均值为665美元，提高风险的受偿意愿均值为1705美元，进而可以估算出生命经济价值分别为266万美元和682万美元。拉诺伊（Lanoie）等（1995）于1990年在加拿大蒙特利尔的13家公司选取样本，同时利用条件价值法和工资风险法估算生命经济价值，并认为在条件价值法下支付意愿价值更为可靠。

进入21世纪，利用条件价值法估算生命经济价值的研究有很大进步。瓦桑达姆（Vassanadumrongdee）等（2005）在泰国曼谷就降低空气污染和交通事故两种致命风险进行了条件价值法研究调查，得出的生命经济价值分别为：空气污染背景下74万~132万美元，交通事故背景下87万~148万美元。哈米特（Hammitt）等（2006）运用条件价值法在中国的北京和安庆估算通过提升空气质量挽救一个人的生命的经济价值为0.4万~1.7万美元。此外，哈米特（Hammitt）等（2004）对生命经济价值的影响进行了研究，研究结果表明，用于减少由环境污染引起的致命癌症风险的支付意愿要大于用于减少其他相似的慢性退化疾病风险的支付意愿，两种疾病类型下的生命经济价值相差近1.5倍。

对于条件价值法，国内有个别学者进行过探讨，但仅仅限于对相关原理及方法的介绍，并且主要介绍将此方法估算治理环境等方面的健康损失。根据可查到的文献，1998年在重庆进行的以500人为样本的条件评价研究结果表明，大气污染导致1个人的健康损失为2.6万美元。1999年在北京进行的研究显示，大气污染导致1个人健康损失在3万~20万美元。梅强等（2008）在国内运用条件价值法首次进行过尝试性实证研究，样本采集自江苏省某市非煤矿山、建筑和危化品三个高危行业的中小企业，得到我国高危行业员工在支付意愿下的生命经济价值为532.72万元。

国内外学者利用条件价值法估算生命经济价值方面比较有代表性的成果见表6-3。

表 6-3　国内外学者利用条件价值法估算生命经济价值的代表性研究成果

研究者（发表年）	数据来源国家	风险类型	生命经济价值评估值
Jones-Lee 等（1985）	英国	交通安全	50 万美元
Gerking 等（1988）	美国	职业安全	266 万美元
Lanoie 等（1995）	加拿大	职业安全	2200 万～2700 万加拿大元
Peng C Y（2000）	中国	空气污染	2.6 万美元
Zhang X（2002）	中国	空气污染	3 万～20 万美元
Vassanadumrongdee（2005）	泰国	空气污染和 交通安全	74 万～132 万美元 87 万～148 万美元
Hammitt 等（2006）	中国	空气污染	0.4 万～1.7 万美元
梅强，等（2008）	中国	职业安全	532.72 万元
杨宗康（2010）	中国	职业安全	6261.53 万元（受偿意愿） 3903 万元（支付意愿）
程启智，等（2013）	中国	煤矿职业安全	400 万～600 万元

2. 条件价值法评估模型

福利经济学、法律经济学和管制经济学认为，对人的生命经济价值评估的正确方法，是通过衡量个人为了避免死亡风险、伤残或疾病而愿意支付的程度来估价。这是由于在生活的世界里，人们随时都会遭遇各种使人致残、中毒或死亡的风险，作为一个理性的经济人，他必会在事前为降低事故的概率采取必要的预防措施。但是采取任何预防措施都是有成本的，为此，个人将权衡发生事故的概率与预防成本之间的关系，也就是说在某一事故概率水平条件下，个人将对降低其概率而愿意支付的数额进行权衡或交易。因此，愿意为减少死亡风险而支付的金额可以作为人的生命经济价值，换言之，运用支付意愿法估算人的生命经济价值，并不意味着完全消除死亡风险，也不是估算一个具体人的生命经济价值，而是估算降低一定死亡概率的价值。

一个人为减少某种特定致命风险的支付意愿，通常以一定时期死亡概率的变动和财富与致命风险的边际替代率之乘积来估算，其中，财富与致命风险的边际替代率被定义为人的生命经济价值。

假如人们对安全服务具有消费偏好，不同的安全水平（用死亡概率 p_0 表示）带给消费者不同的效用。在选择安全服务水平时，消费者在其预算约束下，力图获得最大的期望效用，即期望效用函数最大化。

令 $U(w)$ 为一个人在健康状态下收入为 w 时的效用，$I(w)$ 为一个人在死亡状态下的效用，如果死亡概率为 p_0，则个人的期望效用如下：

$$E(U) = (1-p_0)U(w) + p_0 I(w) \tag{6-21}$$

现在假如使死亡概率从 p_0 变动到 p，如果要保持个人效用不变，则个人收入状态要发生变化，收入补偿变化量（受偿额或支付额）大小用 v 来代替，那么它满足的个人效用如下：

$$E(U) = (1-p)U(w-v) + pI(w-v) \tag{6-22}$$

当 $p<p_0$ 时，$v>0$，即由于死亡风险降低而愿意支付的金钱，表现为个人总收入的降低；当 $p>p_0$ 时，$v<0$，即由于死亡风险增大而要求增加的报酬，表现为个人总收入的增加。

对式（6-17）的 p 求导，并令 $p=p_0$，重新整理就得到个人因风险改变所得的收入状态变化的边际效率，即人的生命经济价值（VSL）被定义如下：

$$VSL = -\frac{dv}{dp}\bigg|_{p=p_0} = \frac{U(w)-I(w)}{(1-p)U'(w)+pI'(w)} \tag{6-23}$$

可以看出生命经济价值在形式上是一个导数（Alberini，2005）。但是，在实践中，运用支付意愿法中的条件价值法估算人的生命经济价值，通常是通过被调查者对两个问题的回答，即“为减少某种工作死亡风险而愿意支付的金钱”或者“如果提高这种风险而要求获取的补偿”直接计算得出的，并不是要求员工直接判断其自身的生命经济价值。相应的生命经济价值计算公式分别如下：

$$VSL = \frac{WTP}{\Delta p} \tag{6-24}$$

$$VSL = \frac{WTA}{\Delta p} \tag{6-25}$$

式中 WTP（willingness to pay）——支付意愿，是指由于死亡风险降低而愿意支付的金钱；

WTA（willingness to accept）——受偿意愿，是指人们由于死亡风险的增大而多要求增加的报酬；

Δp——死亡危险的变化率。

3. 条件价值法评估生命经济价值案例

此案例来源于本书编者和陆玉梅基于2004年调研数据撰写的研究论文《基于条件价值法的生命价值评估》，该论文刊登在《管理世界》2008年第6期。

（1）调查设计

调查问卷涉及以下内容：

1）被调查者的基本情况，包括被调查者在企业中的身份、年龄、学历、工作年限、技术等级等。

2）受偿意愿的调查，详细介绍受偿意愿和危险等级等相关概念，询问被调查者目前工作的危险程度，并假定在工作的危险等级增加一级的情况下，是否愿意继续工作；如果愿意继续工作，则希望增加多少报酬；同时还假定在出现轻伤、重伤和死亡事故的情况下，询问被调查者在这三种情况下企业应支付的赔偿金额是多少。

3）被调查者的经济特征，包括被调查者的月平均工资、家庭年收入、社会保障基金交纳的情况、家庭经济收入的主要来源等。

（2）调查实施

选取事故发生率较高的非煤矿山、建筑和化工行业的中小企业从业人员为被调查者，并对被调查者按其在中小企业中的岗位划分为管理人员、一线工人和特种作业人员三种类型。调查于2004年7—10月进行，采用面访的形式，要求中小企业员工填写的是受偿意愿，问题为：“假定工作的危险等级增加一级，你希望增加__%的报酬”。将调查问卷中“月平均工资”换算成年薪，再乘以希望报酬增加的百分比，即可得到其受偿意愿值。调查时间一般控制在15~20min，最终得到933份有效问卷。

（3）死亡危险变化率的确定

考虑到人们对建筑施工人员的工作危险相对熟悉，而且根据《中国统计年鉴(2003)》中的分行业从业人数和《中国安全生产年鉴（2003）》中的分行业死亡人数，可以计算出2002年建筑业从业人员的平均万人死亡率为0.525，因此，在调查中将建筑施工队的工作人员分为特种作业人员（如塔机驾驶员、吊装工、架子工、建筑电工）、一线工人（如打桩工、混凝土工、油漆工、木工）和管理人员三类，以建筑行业的平均职业风险为依据，由相关专家估计出三类人员的死亡概率分别为2/10000、1/10000和接近为0，调查中“工作的危险等级增加一级”相当于死亡概率增加1/10000，即 $\Delta p=1/10000$。在调查过程中，将这一概率与“工作的危险等级增加一级”同时向被调查者解释。

（4）**生命经济价值评估结果**

根据调查问卷的数据，计算出企业员工在受偿意愿条件下的生命价值均值是3729.02万元。在95%的置信水平下，受偿意愿条件下生命价值评估值的置信区间为3553.56万～3904.48万元。

国内主要使用人力资本法评估生命经济价值，这可能与我国处于社会主义初级发展阶段有关，人均GDP占有量不高，人们更多地从为社会和家庭创造财富和价值角度来评估生命经济价值，而在考虑安全投入或预防方面与发达国家相比略显不足；而发达资本主义国家，人们生活水平较高，看重个人的自由交易以及其所产生的资源配置效率，他们更多从预防风险角度，即为降低死亡风险的支付意愿来评估生命经济价值。

随着我国经济水平的不断提高，人们已经意识到要增加安全投入，预防风险，合理配置公共资源，这样才能顺应国际趋势，维护公民自身的生命权利和社会保障权益。因此，利用人力资本法和支付意愿法评估的生命经济价值结果可以在以下几个方面进行探讨应用：

首先，目前我国死亡赔偿金额偏低，需要制定更为合理的工伤（亡）赔偿标准。人力资本法评估的生命经济价值结果可为进一步确立死亡赔偿金标准提供依据，为涉及人身的各种民事争议纠纷提供仲裁或判决依据。

其次，通过支付意愿法评估的生命经济价值结果有助于估计事故经济损失，激发企业加大安全投入。正确估算事故经济损失有助于合理分析企业安全投资效益和经济评价。生命经济价值评估结果可以促使企业更好地认识事故损失，激发企业安全投入的动力。

最后，通过支付意愿法评估的生命经济价值结果有助于政府有效配置公共资源。随着中国经济的快速增长，政府对生态环境保护、公共卫生福利及公共设施安全等方面越来越重视。因此，政府在加大这些领域的投入时，会考虑这些项目的投资回报率。生命经济价值评估结果有利于计算事故的损失和安全投资的经济效益，从而有利于安全投入的科学决策，实现资源的有效配置。

延伸阅读

生命经济价值研究背景

1. 以工资为依据的死亡赔偿标准不统一

发生安全事故后，死亡赔偿金成为衡量人们生命经济价值的重要指标之一，目前我国法律法规以及部门规章等都有关于人身死亡赔偿金额计算标准的规定。

（1）**人身损害赔偿**

2004年5月1日起施行的《最高人民法院关于审理人身损害赔偿案件适用法律若干问题的解释》（法释〔2003〕20号）第二十九条规定：“死亡赔偿金按照受诉法院所在地上一年度城镇居民人均可支配收入或者农村居民人均纯收入标准，按二十年计算。但六十周岁以上的，年龄每增加一岁减少一年；七十五周岁以上的，按五年计算。”

（2）**交通事故死亡赔偿**

2004年5月1日起实施的《中华人民共和国道路交通安全法实施条例》第九十五条第二款规定：“交通事故损害赔偿项目和标准依照有关法律的规定执行。”《道路交通事故处理程序规定》第九十一条明确规定：人身损害赔偿的标准按照《中华人民共和国侵权责任法》《最高人民法院关于审理人身损害赔偿案件适用法律若干问题的解释》《最高人民法院关于审理道路交通事故损害赔偿案件适用法律若干问题的解释》等有关规定执行。

（3）**工伤事故一次性工亡补助**

2011年1月1日起施行的《工伤保险条例》第三十九条规定：“一次性工亡补助金标准为上一年度全国城镇居民人均可支配收入的20倍。”

（4）**非法用工事故一次性死亡赔偿**

2011年1月1日起施行的《非法用工单位伤亡人员一次性赔偿办法》第六条规定：“受到事故伤害或者患职业病造成死亡的，按照上一年度全国城镇居民人均可支配收入的20倍支付一次性赔偿金，并按照上一年度全国城镇居民人均可支配收入的10倍一次性支付丧葬补助等其他赔偿金。”

（5）**医疗事故死亡赔偿**

2002年9月1日起施行的《医疗事故处理条例》对死亡赔偿金未做条文规定，但第五十条规定，精神损害抚慰金“按照医疗事故发生地居民年平均生活费计算；造成患者死亡的，赔偿年限最长不超过6年”。

（6）**《中华人民共和国国家赔偿法》规定的死亡赔偿**

2013年1月1日起施行的《中华人民共和国国家赔偿法》第三十四条第三款规定：“造成死亡的，应当支付死亡赔偿金、丧葬费，总额为国家上年度职工年平均工资的二十倍。”

（7）**触电伤亡事故赔偿标准**

2001年1月21日起施行的《最高人民法院关于审理触电人身损害赔偿案件若干问题的解释》第四条第八款规定，因触电引起的死亡补偿费“按照当地平均生活费计算，补偿二十年。对七十周岁以上的，年龄每增加一岁少计一年，但补偿年限最低不少于十年。”

（8）**海上旅客运输限额赔偿**

1994年1月1日起施行的《中华人民共和国港口间海上旅客运输赔偿责任限额规定》第三条第一款规定：“旅客人身伤亡的，每名旅客不超过40000元人民币。”

（9）**航空运输旅客身体损害赔偿**

2006年3月28日起施行的《国内航空运输承运人赔偿责任限额规定》第三条规定：

“对每名旅客的赔偿责任限额为人民币40万元。”

2. 我国现行死亡赔偿数据启示

同样是公民的死亡事故，但各类事故赔偿额相差很大，实际赔偿过程中还可能远远没有达到规定标准，这严重低估了人们的生命经济价值。涉外海上人身伤亡损害赔偿的最高金额可达到80万元人民币[1]，国际航空旅客死亡赔偿限额约为13.5万美元（折合约90万元人民币）[2]，赔偿存在显著差异。

另外我国法律法规规定的死亡赔偿大多是以工资为依据，存在多头立法的现象，导致死亡赔偿项目和标准不统一，同一个人在不同的地方出现不同的人身伤害得到的赔偿额都不一样，有的事故还没有相应的法律条款来进行解决。

3. 生命经济价值低估导致中小企业缺乏安全投入动力

中小企业安全生产形势严峻，一些研究者都将原因归结为：中小企业生产力发展水平较低，企业基础管理薄弱，企业主没有真正树立“安全第一”的思想等。然而，令人费解的是，近几年来，国家领导人对安全生产高度重视，批示甚多，各地区、各部门对安全生产工作下发的文件、布置的检查都不少，但相当多的中小企业仍然对安全管理漠然处置。显然，以上分析仅是现象或是浅层次的原因而非根源，梅强，等（2008）认为我国中小企业安全生产形势严峻的根本原因在于生命经济价值被严重低估，对安全事故死亡人员赔偿过低，导致中小企业主缺乏安全投入的内部动力。

李红霞，等（1999）通过煤矿安全事故分析发现，事故赔偿金影响企业收益的机会成本，较高的赔偿金有利于减少事故多发企业发生事故的倾向。然而，自改革开放以来，我国的经济发展得到不断提升，社会上存在大量剩余农民劳动力，中小企业员工工资增长较为缓慢，导致我国以工资为依据的死亡赔偿金明显偏低，企业员工的生命经济价值被低估。

相对于大企业，中小企业的员工文化程度普遍不高，尤其是采掘业和建筑业的中小企业聚集了大量农民工，生存与就业的压力使他们几乎丧失了与中小企业主在安全保障方面讨价还价的能力。事故损失的外溢性膨胀造成安全生产投入产出关系的扭曲，致使一些从经济上讲完全能够承受职工伤亡事故造成损失的中小企业主，认为加强安全投入反而是“不经济的”。

由于对生命经济价值的低估，中小企业实际承担的事故损失偏低，造成安全事故的负外部性膨胀，甚至可能导致严重的社会问题。如何将这些大量的外溢成本内化为企业的成本，进而促进中小企业提高安全管理水平，应该成为当前政府安全生产管制的主要任务。

---

[1] 1992年7月1日起施行的《最高人民法院关于审理涉外海上人身伤亡案件损害赔偿的具体规定（试行）》中规定，涉外海上人身伤亡损害赔偿的最高金额为80万元人民币。

[2] 按照2005年7月31日起在中国正式生效的《统一国际航空运输某些规则的公约》（《蒙特利尔公约》）的规定，国际航空旅客伤亡赔偿限额在航空公司免责的情况下约为13.5万美元。

本章小结

本章首先阐述了评估生命经济价值的意义；接下来介绍了人力资本法评估生命经济价值的国内外研究状况，并设计了人力资本法评估我国员工生命价值的模型；最后，分别介绍了支付意愿法评估生命经济价值的三种具体方法：工资风险法、消费者市场法和条件价值法，并给出了条件价值法评估生命经济价值的模型。

思考与练习

1. 如何认识和理解人的生命经济价值？
2. 简述评估生命经济价值的意义。
3. 国外分析和评估人的生命经济价值的方法有哪些？其方法的基本含义和目的是什么？
4. 我国评价人的生命经济价值的方法有哪些？这些方法在什么情况下应用？
5. 简述支付意愿法评估生命经济价值的类型以及内涵。
6. 简述人力资本法的定义和适用范围。
7. 简述工资风险法的定义和适用范围。
8. 简述消费者市场法的定义和适用范围。
9. 简述条件价值法的定义和适用范围。
10. 简述支付意愿法评估生命经济价值的原理。
11. 试用人力资本法模型计算生命经济价值。

第7章 企业安全费用管理与成本核算

本章学习目的

熟悉安全费用管理的内容
掌握安全设备、设施的折旧计算方法与更新方案
了解安全成本核算的含义、组织形式与方法
掌握安全成本核算会计科目的设置、数据的收集，学习报告的编制
熟悉安全成本控制的相关指标、原则及方法
掌握安全成本优化的方法

7.1 安全费用管理与成本核算的必要性分析

安全费用管理与成本核算是企业安全管理与成本分析的重要内容，依据企业安全成本目标，通过对安全费用的管理和安全成本的分析，将实际发生量与计划发生量进行比较，指出偏差、及时纠正，并且进行合理的优化处理，以较小的安全投入谋求较好的安全综合收益，处理好安全性与经济的关系，改善企业安全活动效率，实现预期的安全成本目标，是现代安全管理的根本目的。

企业安全费用管理与成本核算的必要性主要体现在以下方面。

1. 有助于促进企业改进安全管理工作

安全是企业的生存之本、可持续发展之源，也是最好的经济效益。但是，由于安全投入效益具有间接性、隐蔽性、潜在性、滞后性等特点，一些企业经营管理者仍然只看到了安全投入增加的生产成本，只看到某个安全法规的实施影响生产进度，对安全投资的经济效益尚未有一个正确的认识，安全投资决策往往仅凭主观意愿。

如果建立安全费用管理与成本核算体系，对安全投入和事故损失进行核算、分析，能够系统、有效地收集各种安全生产投入产出的相关资料，为评价安全工程和安全措施的经济

性、合理性提供科学依据，进而能够更好地为安全决策提供帮助，使安全决策更加科学、合理，并有效防止决策失误。

此外，建立安全成本核算体系，可以分清企业各部门在安全上的经济责任，通过对各部门安全管理工作进行合理的技术经济评价，便于找出安全管理工作中的不足，进而制定出科学合理的安全管理措施。

2. 有助于企业加强成本管理

对于企业而言，无论是为提高安全生产水平而进行的预防性投资，还是企业发生事故后造成的经济损失，均为企业生产经营的成本费用。这两种费用之间存在“此消彼长”的关系，且随安全保证程度的变化而变化。如果安全没有保证，或安全保证程度过低，安全工作存在严重缺陷，则必然导致各类事故频发，损失增加，安全成本费用上升。而如果安全保证程度过高，则势必要投入大量的人力、物力，为保证安全而进行巨大的投入，安全成本费用也必然上升。安全成本费用是企业生产经营的一种附加性成本，它包含在企业产品成本中，是产品成本的一个重要组成部分。而且随着经济的发展和人们安全意识的增强，安全成本费用占产品成本的比重越来越高，因此，企业的成本管理应该包括安全成本费用管理。

安全投入与事故损失是企业成本费用的组成部分，如果对这些成本费用进行单独核算，则有利于寻求降低成本的机会。同时，安全成本核算体系的建立，可以拓宽中小企业控制成本的思路，从而可以在更广的领域内寻求控制成本的途径，制定更有效的成本控制措施，不断提高企业经济效益。

7.2 安全费用管理

目前国家已经出台相关规定，要求煤矿企业、烟花爆竹生产企业和其他高危行业企业计提安全费用；部分省市区也纷纷出台地方法规，要求建筑、非煤矿山、化工等高危行业按标准提取安全生产费用。因此，企业按照国家和地方政府规定提取的安全生产费用，有专门的用途，属于专项资金，应根据其特点和管理要求制定相应的制度，加强费用管理。

7.2.1 安全费用管理的目标

与一般企业资金管理的目标基本相同，安全费用管理既要保证计提的安全费用资金安全，又要使安全资金发挥最大效用，促使资金效率最大化。

1. 资金安全

安全费用管理的首要目标是保证资金安全。企业提取的生产安全费用应当设立专户核算，严格按照规定范围安排使用，专款专用，不得挪作他用，并优先用于满足安全生产监督管理部门对企业安全生产提出的整改措施或达到安全生产标准所需的支出，确保资金在正常运转过程中，按照安全生产资金编制计划使资金使用完全在体内循环，不流失、不浪费、不截留，专户核算，专款专用，避免流出体外，从而发挥资金的增值作用。因此，制定企业安全生产费用计提制度和管理条例，以及涉及安全费用管理的决策，必须遵循企业的安全生产费用管理流程，以免安全费用人为流失或者挪用而带来损失。

2. 资金效率最大化

实现资金效率最大化，是任何企业都追求的目标。企业提取安全费用，目的也是使安全费用的增值效率最大化。这在客观上要求企业科学决策、合理使用安全费用，通过安全费用管理活动，预防与降低企业因为生产安全造成的经济风险和损失，这样可以降低企业成本，提高资金收益率。考虑到企业安全生产投入的不均衡性，对企业按照规定标准提取的安全费用，年度之间有可能节余，也有可能超支，因此，对年度安全费用结余资金允许结转下年度使用，但不能冲减成本；当年计提安全费用资金不足的，允许用上年结余或下年度提取的安全费用弥补，也可以按正常成本费用渠道直接列入当年成本和费用。

7.2.2 安全费用管理要求

1. 按规定计提安全费用

安全费用是高危行业企业按照规定标准提取，在成本中列支，专门用于完善和改进企业安全生产条件的资金。安全费用按照“企业提取、政府监管、确保需要、规范使用”的原则进行管理。

（1）**煤炭企业安全费用**

煤矿安全生产资金投入与开采方式、矿井设计能力和原煤实际产量都有一定关系，有些投入受开采方式的影响，有些费用要受矿井设计能力制约，有些费用又随着煤炭实际产量的变化而变化，各项因素对安全投入的影响程度不同，科学、准确地确定煤炭生产安全费用计提标准十分关键。从当前我国煤矿企业的实际投入情况看，在以上各项因素中，安全费用受煤炭实际产量影响最大，因此，确定煤炭生产安全费用按原煤实际产量提取比较合理，也较符合实际。煤炭生产企业依据开采的原煤产量按月提取安全费用。各类煤矿原煤单位产量安全费用提取标准如下：

1）煤（岩）与瓦斯（二氧化碳）突出矿井、高瓦斯矿井吨煤 30 元。

2）其他矿井吨煤 15 元。

3）露天矿吨煤 5 元。

（2）**烟花爆竹生产企业安全费用**

烟花爆竹生产企业属于劳动密集型企业，其烟火药、黑火药、引火线等主要原材料及产品易燃易爆，生产过程中容易发生燃烧、爆炸事故，造成严重人员伤亡。为了促使烟花爆竹生产企业加大安全生产所需资金投入，开辟稳定的安全保障资金供给渠道，形成烟花爆竹生产企业安全生产投入的长效机制。

烟花爆竹生产企业安全费用以年度销售收入作为计提基数提取。以销售收入作为计提基数主要有以下原因：一是具有可操作性，年度销售收入可以通过有关会计核算方法得出，便于实际操作中的计算与检查，符合企业市场经营的客观实际，可以确保企业有能力按期、足额地提取安全费用；二是符合企业实际，目前我国现行的烟花爆竹企业税收计算方法也大都以销售收入为计算基数。因此，烟花爆竹生产企业安全费用提取标准采取以销售收入作为计算基数，有利于同税收、统计等国家有关政策配合落实。

烟花爆竹生产企业以上年度实际营业收入为计提依据，采取超额累退方式按照以下标准平均逐月提取：

1）营业收入不超过 200 万元的，按照 3.5% 提取。

2）营业收入超过200万元至500万元的部分，按照3%提取。

3）营业收入超过500万元至1000万元的部分，按照2.5%提取。

4）营业收入超过1000万元的部分，按照2%提取。

（3）**其他高危行业企业安全生产费用**

按照财政部、国家安全生产监督管理总局印发的《企业安全生产费用提取和使用管理办法》，在中华人民共和国境内直接从事煤炭生产、非煤矿山开采、建设工程施工、危险品生产与储存、交通运输、烟花爆竹生产、冶金、机械制造、武器装备研制生产与试验（含民用航空及核燃料）的企业以及其他经济组织要按照规定的标准提取使用安全生产费用。其中：矿山开采是指石油和天然气、金属矿、非金属矿及其他矿藏资源的勘探和生产、闭坑及有关活动；建设工程施工是指土木工程、建筑工程、井巷工程、线路管道和设备安装及装修工程的新建、扩建、改建以及矿山建设；危险品是指列入《危险货物品名表》（GB 12268—2012）或国家有关部门确定并公布的《剧毒化学品目录》的物品，包括军工生产危险品和民用爆炸物品等；交通运输是指以机动车为交通工具的旅客和货物运输。具体提取标准如下：

1）矿山企业依据开采的原矿产量，按照以下标准分月提取：①石油，每吨原油17元；②天然气、煤层气（地面开采），每千立方米原气5元；③金属矿山，其中露天矿山每吨5元，地下矿山每吨10元；④核工业矿山，每吨22元；⑤非金属矿，其中露天矿山每吨2元，地下矿山每吨4元；⑥小型露天采石场（即年采剥总量50万吨以下，且最大开采高度不超过50m），产品用于建筑、铺路的山坡型露天采石场，每吨1元；⑦尾矿库按入库尾矿量计算，三等及三等以上尾矿库每吨1元，四等及五等尾矿库每吨1.5元。

2）建设工程施工企业以建筑安装工程造价为计提依据。各建设工程类别安全费用提取标准如下：①矿山工程为2.5%；②房屋建筑工程、水利水电工程、电力工程、铁路工程、城市轨道交通工程为2.0%；③市政公用工程、冶炼工程、机电安装工程、化工石油工程、港口与航道工程、公路工程、通信工程为1.5%。

建设工程施工企业提取的安全费用列入工程造价，在竞标时，不得删减，列入标外管理。国家对基本建设投资概算另有规定的，从其规定。总包单位应当将安全费用按比例直接支付分包单位并监督使用，分包单位不再重复提取。

3）危险品生产与储存企业以上年度实际营业收入为计提依据，采取超额累退方式按照以下标准平均逐月提取：①营业收入不超过1000万元的，按照4%提取；②营业收入超过1000万元至1亿元的部分，按照2%提取；③营业收入超过1亿元至10亿元的部分，按照0.5%提取；④营业收入超过10亿元的部分，按照0.2%提取。

4）交通运输企业以上年度实际营业收入为计提依据，按照以下标准平均逐月提取：①普通货运业务按照1%提取；②客运业务、管道运输、危险品等特殊货运业务按照1.5%提取。

中小微型企业和大型企业年末安装费用结余分别达到本企业上年度营业收入的5%和1.5%时，经当地县级以上安全生产监督管理部门、煤矿安全监察机构商财政部同意，企业本年度可以缓提或者少提安全费用。对企业规模的划分标准，参照工业和信息化部、国家统计局、国家发展和改革委员会、财政部联合研究制定的《中小企业划型标准规定》（工信部联企业〔2011〕300号）。大、中、小型企业划分标准见表7-1。

表 7-1 大、中、小型企业划分标准

行业名称	指标名称	计算单位	大 型	中 型	小 型	微 型
工业企业	从业人员数	人	1000 及以上	300～1000	20～300	20 以下
	营业收入	万元	40000 及以上	2000～40000	300～2000	300 以下
建筑业企业	营业收入	万元	80000 及以上	6000～80000	300～6000	300 以下
	资产总额	万元	80000 及以上	5000～80000	300～5000	300 以下
批发业企业	从业人员数	人	200 及以上	20～200	5～20	5 以下
	营业收入	万元	40000 及以上	5000～40000	1000～5000	1000 以下
零售业企业	从业人员数	人	300 及以上	50～300	10～50	10 以下
	营业收入	万元	20000 及以上	500～20000	100～500	100 以下
交通运输业企业	从业人员数	人	1000 及以上	300～1000	20～300	20 以下
	营业收入	万元	30000 及以上	3000～30000	200～3000	200 以下
邮政业企业	从业人员数	人	1000 及以上	300～1000	20～300	20 以下
	营业收入	万元	30000 及以上	2000～30000	100～2000	100 以下
住宿和餐馆业企业	从业人员数	人	300 及以上	100～300	10～100	10 以下
	营业收入	万元	10000 及以上	2000～10000	100～2000	100 以下

2. 按规定用途使用安全费用

安全费用属于专项资金，国家和地方政府明确规定了这一专项资金的使用范围，企业必须按照规定范围使用，划清安全费用与其他各种货币资金的界限。只有划清界限才能有计划地使用安全费用，满足企业安全投入的需要，保证企业的安全生产水平。

煤炭企业安全费用使用范围是：①煤与瓦斯突出及高瓦斯矿井落实“两个四位一体”综合防突措施支出，包括瓦斯区域预抽、保护层开采区域防突措施、开展突出区域和局部预测、实施局部补充防突措施、更新改造防突设备和设施、建立突出防治实验室等支出；②煤矿安全生产改造和重大隐患治理支出，包括“一通三防”（通风，防瓦斯、防煤尘、防灭火）、防治水、供电、运输等系统设备改造和灾害治理工程，实施煤矿机械化改造，实施矿压（冲击地压）、热害、露天矿边坡治理，采空区治理等支出；③完善煤矿井下监测监控、人员定位、紧急避险、压风自救、供水施救和通信联络安全避险“六大系统”支出，应急救援技术装备、设施配置和维护保养支出，事故逃生和紧急避难设施设备的配置和应急演练支出；④开展重大危险源和事故隐患评估、监控和整改支出；⑤安全生产检查、评价（不包括新建、改建、扩建项目安全评价）、咨询、标准化建设支出；⑥配备和更新现场作业人员安全防护用品支出；⑦安全生产宣传、教育、培训支出；⑧安全生产适用新技术、新工艺、新标准、新装备的推广应用支出；⑨安全设施及特种设备检测检验支出；⑩其他与安全生产直接相关的支出。

烟花爆竹生产企业安全费用应当按照以下范围使用：①完善、改造和维护安全设备设施支出（不含“三同时”要求初期投入的安全设施）；②配备、维护、保养防爆机械电器设备支出；③配备、维护、保养应急救援器材、设备支出和应急演练支出；④开展重大危险源和事故隐患评估、监控和整改支出；⑤安全生产检查、评价（不包括新建、扩建、改建项目安全评价）、咨询和标准化建设支出；⑥安全生产宣传、教育、培训支出；⑦配备和更新现场作业人员安全防护用品支出；⑧安全生产适用新技术、新标准、新装备、新工艺的推广应用支出；⑨安全设施及特种设备检测检验支出；⑩其他与安全生产直接相关的支出。

非煤矿山开采企业、建设工程施工企业、危险品生产与储存企业、交通运输企业、冶金企业、机械制造企业、武器装备研制生产与试验企业等安全费用使用范围在《企业安全生产费用提取和使用管理办法》中有明确规定。

建立和实施安全生产费用制度，进一步明确了企业的安全投入主体责任，并为企业安全生产投入建立了资金储备，有利于改变企业安全投入不足的状况，在提升企业安全生产水平和保障企业安全生产等方面必将发挥重要作用。

7.2.3 安全费用计划编制

企业安全费用计划确定计划期安全费用的来源和具体运用，是安全费用管理的重要依据。企业正确地编制和认真执行安全费用计划，有计划地计提和合理使用安全费用，对于改善企业劳动条件和安全水平，提高安全投入的使用效率，具有重要的意义。由于大部分安全费用用于各种安全技术措施项目和工业卫生项目，因此，为了安排企业计划期安全费用支出，还需要编制安全项目支出计划。

1. 安全费用计划

安全费用计划确定企业计划期安全费用的收入（增加）、支出（减少）和结存的数额。在编制年度计划时，一方面要根据计划年初结余数额和计划年度提取的数额，确定可供使用的资金数额；另一方面要根据规定的使用范围和企业的实际需要，确定计划年度支出数额和计划年末结余的数额，进行综合平衡。

在编制计划的过程中，既要发挥财务部门专业管理的作用，又要注意发挥安全管理部门的作用。一般应先由财务部门提出编制计划的要求和资金使用的控制指标，然后由安全管理部门提出有关计划和费用预算。对于投资额大、主要的隐患治理项目，要进行可行性研究，搞好投资预测和决策，经决策选定的项目，才能列入计划。财务部门应参与项目可行性研究，并对安全管理部门提出的计划和经费预算进行认真审核，发现问题及时提出，加以适当修改，然后据以编制安全费用计划。安全费用计划的格式见表7-2。

表7-2 安全费用计划

________年　　　　单位：（元）

项　目	金　额
一、年初结存数	
其中：未完工程	
二、本年提取数	
三、本年减少数	
1. 安全项目投资	
2. 安全管理费	
四、年末结余数	
其中：未完工程	

2. 安全项目支出计划

安全项目支出计划确定企业计划年度各项安全投资项目支出的发生、转销和结余数额，其格式见表7-3。

表 7-3 安全项目支出计划

＿＿＿＿＿年　　　　　　　　　　单位：(元)

安全项目	预定完工日期	年初未完工程	本年支出数	本年已完工程转出数	年末未完工程

7.2.4 安全费用的日常管理

财务部门应会同安全管理部门做好安全费用的日常管理。

1. 编制季度分月的安全费用收支计划

对于大中型规模的高危行业企业，为了保证年度安全费用计划的正确执行，企业还应根据年度计划编制季度分月的安全费用收支计划。为此，财务部门应根据年度计划和当季具体情况，预计计划季度安全费用的提取数额。同时，应由安全管理部门根据年度计划结合当季实际需要，提出季度分月的用款计划，交财务部门审核，进行收支平衡，编制季度分月的安全费用收支计划，以保证资金的及时供应和合理使用。

2. 按计划控制安全费用支出

在安全项目实施过程中，财务部门应当认真监督费用预算的正确执行。安全项目所需要的材料、设备等物资，应由企业有关部门编制供应计划，会同财务部门与供货单位签订合同。财务部门根据合同规定的付款时间，将专项物资采购支出列入安全费用收支计划，以便按计划支付货款。对于无合同、计划外的临时采购，必须按规定手续办理追加计划，否则，财务部门有权拒绝付款，以杜绝盲目采购。

对于安全管理费，安全管理部门必须提交费用预算，经财务部门审批方可在安全费用中列支。财务部门定期要进行成本分析，查明实际成本脱离预算的原因，及时采取措施，降低成本，提高安全费用的使用效益。

7.3 安全设备、设施的折旧与更新

7.3.1 安全设备、设施折旧计算方法

从经济管理的观点出发，安全设备、设施折旧方法应符合下列要求：①尽快回收投资；②方法不能太复杂；③保证账面价值在任何时候都不能大于实际价值；④为国家税法所允许。

常用的折旧方法很多，这里简单介绍三种。

1. 直线折旧法

直线折旧法又称为平均年限法，基本含义是企业安全设备、设施在每一计算年限上的价值损耗相同，其计算公式如下：

$$A_d = \frac{P - S_v}{n} \tag{7-1}$$

式中 A_d——安全设备或设施的折旧额；

P——安全设备或设施的原值；

S_v——安全设备或设施的残值；

n——安全设备或设施的服务年限。

这种折旧方法的优点是计算简便，易于理解，适于广泛应用，其特点是：①各年折旧费相等；②残值不计入折旧额。

2. 年数合计法

年数合计法是根据安全设备、设施折旧总额与折旧率，确定每年的折旧额，其中折旧总额与上相同，其年折旧额的计算公式如下：

$$A_{d_i}=(P-S_v)\frac{2(n-i+1)}{n(n+1)} \quad (i=1,2,\cdots,n) \tag{7-2}$$

式中 A_{d_i}——安全设备或设施第 i 年的折旧额；

P——安全设备或设施的原值；

S_v——安全设备或设施的残值；

n——安全设备或设施的服务年限；

i——使用年度。

这种折旧方法的特点是：①各年折旧额不等；②残值不计入折旧额。

3. 双倍余数法

双倍余数法是根据安全设备、设施账目价值及折旧额，确定每年的折旧额，其年折旧额的计算公式如下：

$$A_{d_i}=\frac{2(P_i-A_{d_{i-1}})}{n} \quad (i=1,2,\cdots,n) \tag{7-3}$$

式中 A_{d_i}——安全设备或设施第 i 年的折旧额；

$A_{d_{i-1}}$——安全设备或设施第 $i-1$ 年的折旧额；

P_i——安全设备或设施第 i 年的账面价值；

n——安全设备或设施的服务年限；

i——使用年度。

这种折旧方法的特点是：①各年折旧额不等；②计算折旧的基数为各年的账面价值而没有减去残值；③资产价值少于残值时不再进行折旧。

7.3.2 安全设备、设施经济寿命模型

1. 安全设备、设施更新的概念

安全设备、设施更新是修理以外的另一种设备综合磨损的补偿方式，是维护和扩大社会再生产的必要条件。设备更新有两种形式：一种是用相同的设备去更换有形磨损严重、不能继续使用的旧设备。这种更新只是解决设备的损坏问题，不具有更新技术的性质，不能促进技术的进步。另一种是用较经济和较完善的新设备，即用技术更先进、结构更完善、效率更高、性能更好、耗费能源和原材料更少的新型设备来更换那些技术上不能继续使用或经济上不宜继续使用的旧设备。后一种更新不仅能解决设备的损坏问题，而且能解决设备技术落后的问题，在当今技术进步迅速的条件下设备更新应该以后一种为主。

对设备进行更新不仅要考虑促进技术的进步，也要能够获得较好的经济效益。对于一台具体设备来说，应该不应该更新，应在什么时间更新，应选用什么样的设备来更新，主要取

决于更新的经济效果。

设备更新的时机，一般取决于设备的技术寿命和经济寿命。

技术寿命是指由于科学技术的发展，不断出现技术上更先进、经济上更合理的替代设备，使现有设备在物资寿命或经济寿命尚未结束之前就提前报废，它是由无形磨损决定的。

经济寿命是从经济角度看设备最合理的使用期限，它是由有形磨损和无形磨损共同决定的。具体来说，经济寿命是指能使一台设备的年平均使用成本最低的年数。设备的使用成本是由两部分组成：一是设备购置费的年分摊额，二是设备的年运行成本（操作费、维修费、材料费及能源耗费等），这部分成本是随着设备使用年限的延长而增加的。例如一辆汽车，随着使用时间的延长，每年分摊的购置投资会减少，但每年支出的汽车修理保养费和燃料费用都会增加，因此购置费的年分摊额的减少会被运行成本的增高所抵消。这就是说，设备在整个使用过程中，其年平均使用成本是随着使用时间变化的，在最适宜的使用年限内会出现最低值；而能使年平均使用成本最低的年数，就是设备的经济寿命。不同使用年限的设备成本曲线如图 7-1 所示。

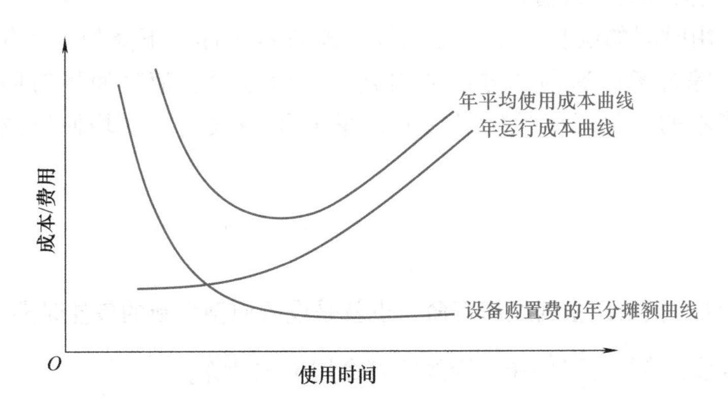

图 7-1 不同使用年限的设备成本曲线

因此，适时地更换设备，既能促进技术进步、加快经济增长，又能节约资源，提高经济效益。

2. 经济寿命模型

有些设备在其整个使用期内并不过时，也就是在一定时期内还没有更先进的设备出现。在这种情况下，设备在使用过程中同样避免不了有形磨损的作用，结果将发生维修费用，特别是大修理费用以及其他运行成本不断增加，这时即使进行原型设备替换，在经济上往往也是合算的。这就是原型更新问题，在这种情况下，可以通过分析设备的经济寿命进行更新决策。

机器设备在使用过程中发生的费用叫作运行成本，运行成本包括：能源费、保养费、修理费（包括大修理费），以及停工损失、废次品损失等。一般情况下，随着设备使用期的增加，运行成本每年以某种速度在递增，这种运行成本的逐年递增称为设备的劣化。为简单起见，首先假定每年运行成本的劣化增量是均等的，即运行成本呈线性增长，设每年运行成本增加额为 λ。若设备使用 T 年，则第 T 年时的运行成本 C_T 计算公式如下：

$$C_T = C_1 + (T-1)\lambda \tag{7-4}$$

式中 C_1——运行成本的初始值，即第一年的运行成本；

T——设备使用年数。

那么，T 年内运行成本的年平均值如下：

$$\overline{C_T} = C_1 + \frac{T-1}{2}\lambda \tag{7-5}$$

除运行成本外，在使用设备的年总成本中还有每年分摊的设备购置费，其金额计算公式如下：

$$C_G = \frac{K_0 - V_L}{T} \tag{7-6}$$

式中 C_G——每年分摊的设备购置费；

K_0——设备的原始价值；

V_L——设备处理时的残值。

随着设备使用时间的延长每年分摊的设备购置费是逐年下降的，而年均运行成本却逐年线性上升。综合考虑这两个方面的因素，一般来说，随着使用时间的延长，设备的年平均使用成本的变化规律是先降后升，呈 U 形曲线。年平均使用成本的计算公式如下：

$$AC = \frac{K_0 - V_L}{T} + C_1 + \frac{T-1}{2}\lambda \tag{7-7}$$

可用求极值的方法，找出设备的经济寿命，也就是设备原型更新的最佳时期。

设 V_L为一常数，令$\frac{\mathrm{d}\ (AC)}{\mathrm{d}T}=0$，则经济寿命用下式计算：

$$T_E = \sqrt{\frac{2(K_0 - V_L)}{\lambda}} \tag{7-8}$$

在考虑资金时间价值的条件下，年平均使用成本计算公式如下：

$$AC = K_0\frac{i(1+i)^n}{(1+i)^n - 1} - V_L\frac{i}{(1+i)^n - 1} + C_1 + \frac{\lambda}{i}\left[\frac{(1+i)^n - 1}{i} - n\right] \tag{7-9}$$

在给定基准折现率 i_0时，令 AC 最小的使用年限，即为设备的经济寿命。

7.3.3 安全设备、设施更新方案评价

前面讨论的是安全设备在使用期内不发生技术上过时和陈旧，没有更好的新型设备出现的情况。在技术不断进步的条件下，由于无形磨损的作用，很可能在设备运行成本尚未升高到要用原型设备替代之前，就已出现工作效率更高和经济效果更好的设备。这时，就要比较在继续使用旧设备和购置新设备这两种方案中，哪一种方案在经济上更为有利。

在有新型设备出现的情况下，常用的设备更新决策方法为年费用比较法。

年费用比较法是从原有旧设备的现状出发，分别计算旧设备再使用一年的总费用和备选

新设备在其预计的经济寿命期内的年均总费用，并进行比较，根据年费用最小原则决定是否应该更新设备。

（1）**旧设备年总费用的计算**

旧设备再使用一年的总费用可由下式求得：

$$AC_0 = V_{00} — V_{01} + \frac{V_{00} + V_{01}}{2} i + VC \tag{7-10}$$

式中 AC_0——旧设备下一年运行的总费用；

V_{00}——旧设备在决策时可出售的价值；

V_{01}——旧设备一年后可出售的价值；

VC——旧设备继续使用一年在运行成本方面的损失（即使用新设备相对使用旧设备的运行成本的节约额和销售收入的增加额）；

i——最低希望收益率；

$\frac{V_{00} + V_{01}}{2} i$——因继续使用旧设备而占用资金的时间价值损失，资金占用额取旧设备决策时可售价值和一年后可售价值的平均值。

（2）**新设备年均总费用的计算**

用于同旧设备年总费用比较的新设备年均总费用，主要包括以下几个方面：

1）运行劣化损失，新设备随着使用时间的延长，同样也存在设备劣化的问题，劣化程度也将随着使用年数的增多而增加。具体的劣化值取决于设备的性质和使用条件。为了简化计算，假定劣化值逐年按同等数额增加，如果设备使用年限为 T，T 年间劣化值的平均值由下式求得：

$$S_{\mathrm{L}} = \frac{\lambda(T-1)}{2} \tag{7-11}$$

式中 S_{L}——设备劣化值的平均值；

λ——设备年劣化值增量。

新设备的 λ 值往往是难以预先确定的，一般可根据旧设备的耐用年数和相应的劣化程度来估算。

2）设备价值损耗。新设备的使用过程中，其价值会逐渐损耗，表现为设备残值逐年减少。假定设备残值每年以同等的数额递减，则 T 年内每年的设备价值损耗计算公式如下：

$$S_{\mathrm{S}} = \frac{K_{\mathrm{n}} - V_{\mathrm{L}}}{T} \tag{7-12}$$

式中 S_{S}——设备年均损耗价值；

K_{n}——新设备的原始价值；

V_{L}——新设备使用 T 年后的残值。

3）资金时间价值损失。新设备在使用期内平均资金占用额为$\frac{K_{\mathrm{n}} + V_{\mathrm{L}}}{2}$，故因使用新设备而占用资金的时间价值损失为$\frac{(K_{\mathrm{n}} + V_{\mathrm{L}})i}{2}$。

总计以上三项费用，则得出新设备年均总费用：

$$AC_n = \frac{\lambda(T-1)}{2} + \frac{K_n - V_L}{T} + \frac{(K_n + V_L)i}{2} \tag{7-13}$$

对上式进行微分，并令$\frac{dAC_n}{dT}=0$，则：

$$T = \sqrt{\frac{2(K_n - V_L)}{\lambda}} \tag{7-14}$$

式中　T——新设备的经济寿命。

将式（7-14）代入式（7-13）得出按经济寿命计算的新设备年均总费用：

$$AC_n = \sqrt{2(K_n - V_L)\lambda} + \frac{(K_n + V_L)i - \lambda}{2} \tag{7-15}$$

若残值 $V_L=0$，则可简化为

$$AC_n = \sqrt{2K_n\lambda} + \frac{K_n i - \lambda}{2} \tag{7-16}$$

当年劣化值增量 λ 不易求得时，可根据经验决定新设备的合理使用年数 T，然后再求年劣化值增量 λ。这时新设备的年均总费用用下式计算：

$$AC_n = \frac{2(K_n - V_L)}{T} + \frac{(K_n + V_L)i}{2} - \frac{K_n - V_L}{T^2} \tag{7-17}$$

7.4 安全成本核算的含义、组织形式和方法

7.4.1 安全成本核算的含义

企业安全成本核算（Safety Cost Accounting）是根据国家相关的法规、制度和企业经营管理的需求，对产品生产过程中实际发生的各种资源消耗进行计算，并进行相应的账务处理，提供真实、有用的成本信息。安全成本核算意图把所发生的安全成本费用以货币形态来反映，它是安全成本管理的基础环节，是安全经济分析的核心内容，是企业进行安全成本分析控制及应用的数据基础，是企业进行安全投资决策的主要依据。企业安全成本核算含义可以结合企业开展安全成本核算的范畴、研究对象、目的等角度来理解。

1. 安全成本核算体制属于管理会计范畴

企业安全成本核算体制最终是为企业提高安全水平、增强企业竞争力服务的，它属于管理会计的范畴，它不同于一般的会计体制，因此安全成本核算体制中的一些项目在一般会计体制中无法提取，也可能无法还原回去。因此，最好是建立独立的安全成本核算体制，利用管理会计中的一些必要手段进行管理。当然，如果企业资源不允许，则可以在一般会计体制的基础上进行安全成本核算，此时需要对一般会计体制的某些科目或者内容进行加工处理，才能为安全成本核算所用，这样也比单独建立安全成本账户工作更加节约资源。

2. 安全成本与预期安全水平相关

安全成本投入直接受预期安全水平的影响。当预期安全水平较高时，安全预防成本就会相应增加，企业就需要增加安全投入。各个企业可以根据自己的企业或者项目的特征确定安全水平，根据这个安全水平制订相应的安全成本计划，包括预期安全投入（预防费用），然

后在产品生产过程中依据这个成本计划进行成本的管理和控制。

3. 安全成本核算的目的是为管理决策提供依据

企业进行成本核算的主要目的并不仅仅是了解成本的多少，而是进行企业安全成本分析、比较、控制，并在此基础上为安全成本改进提供决策依据，最终达到提高安全水平、降低成本、增加企业经济效益和社会效益的目的。

7.4.2　安全成本核算的组织形式

合理地组织安全成本核算，是企业建立正常安全成本核算秩序、充分发挥其职能作用的重要条件。安全成本核算工作的组织主要是设置相应的核算机构、配备必要的会计人员。可供选择的形式有以下两种。

1. 由企业财务会计部门负责组织安全成本核算工作

在企业财务会计部门中设立核算专业组（非常设机构），配备必要的会计人员，定期进行核算。对于规模较小的企业，只需要指定专人负责核算即可。由于安全成本核算是对一项新的管理方法的使用，需要对相关会计人员进行专门培训，使他们懂得安全成本核算工作的重要性，增强安全生产意识，了解安全成本的基本知识，掌握数据的收集、核算和分析的方法，为他们做好本职工作创造必要的条件。

2. 由企业安全管理部门负责组织安全成本核算工作

将安全成本核算工作归到安全管理部门来进行，能够做到管算结合，算为管用，不断提高安全管理和经济效益的水平。但是，由于安全成本核算离不开已建立的会计核算体系，且安全管理人员大多不懂会计核算，因此，要聘请财务会计部门的人员，在对其进行了相关培训后，定期协助安全管理部门，进行安全成本核算。

7.4.3　安全成本核算的方法

安全成本核算具有现行财务会计与成本核算的一些特征，更是一种管理会计核算，其出发点和归宿点都是为安全管理服务。因此，它不可能拘泥于现行财务会计与成本核算的规章制度约束，而应体现自己的特殊性。所以，安全成本核算方法的理想选择是，以会计核算为主，统计核算为辅，其基本特征是：对于显见成本，主要通过会计方法来获取核算资料，但在具体运用这些会计方法时，可根据具体情况灵活处理，如对有些数据的收集不必设置原始凭证，也不必进行复式记账，账簿记录也可大大简化，成本的归集和分配应灵活多样等。而对那些会计方法无法获得的隐含成本，则借助统计手段获取。对通过会计手段获得的信息，力求准确、完整，而对通过统计手段、业务手段获取的资料，原则上只要求基本准确，也不要求以原始凭证作为获取信息的必备依据。

另外，安全成本核算还有其他基础性工作，包括建立健全各种原始记录，建立健全安全成本核算责任制等工作。

1. 建立健全各种原始记录

安全成本核算的各种原始记录包括各种台账、表格、卡片、报表等。企业应根据不同的核算，设计不同格式的原始凭证，以便及时登记、收集有关的数据。

2. 建立健全计量和计价制度

安全成本既涉及显性支出（财务记录中可以查到的支出），又涉及一些隐性支出。对于隐含的、潜在的支出，往往需要通过建立一整套完善的计量、计价制度，才能相对完整地收集到相关数据。

3. 建立健全核算责任制

安全成本各项数据的记录、收集、计算、考核、分析、控制、改进，只有与各责任单位紧密联系起来，才能落到实处，取得成效。核算责任制的主要内容包括：安全成本各项内容的责任分解；在充分利用现有财会人员的基础上，培训、充实各级安全成本核算员，并明确职责分工；建立安全成本数据分离、记录、审核、汇集、计算、传递、报告的工作程序和规章，确保安全成本核算的及时、准确等。

7.5 安全成本核算的具体工作内容

7.5.1 安全成本核算会计科目设置

1. 企业安全成本核算的科目设计原则

企业安全成本核算能够实现对成本的直接管理和控制，为安全成本管理提供真实的资料，为企业的安全管理服务，因此安全成本核算的科目设置应遵循以下原则：

1）便于企业进行安全成本的核算、分析、计划、控制、考核，只有这样的科目设置才是合理的、有效的，才能达到为企业安全管理服务的目的。

2）科目的设置符合惯例、相关的规范、标准、法律等，只有这样的科目设置体系才具有成立的基础，也才具有可行性。

3）与会计核算体制相匹配，这样才能有效地减少财务会计人员工作的重复性，才能有效地进行借鉴和互相弥补。

4）结合企业的实际情况，按照企业对安全水平的具体要求进行安全成本的核算。

5）科目的设置要考虑与企业的各个责任部门相联系。

2. 企业安全成本核算科目的设置

安全成本由预防成本和事故成本构成。

预防成本是指企业为保证员工职业安全与健康、企业财产物资的完整、社会和自然的安全，减免事故的发生，保证和提高安全生产水平而支付的各种费用。具体包括劳动保护费，环保安全卫生设施折旧费和安装修理费，安全工作人员的工资福利费和奖金津贴、安全教育及培训费、安全奖励费、安全工作差旅费及会务费、保险费用，警卫消防费，其他预防费用等。预防成本可以分为安全管理成本、安全技术成本和安全设备成本三类。

事故成本是指企业由于安全工程设施有缺陷或运营不当、安全管理工作不利、安全监督及监测不及时、职工安全意识不强而违章作业等引起停产、设备损坏、人员伤亡等事故所发生的各项费用支出，具体包括物资报废损失、物资丢失损失、停工停产损失、抚恤费、医护费、罚款支出、赔偿费、检修费用、事故分析处理费用及其他事故费用。事故成本可以分为企业内部损失和企业外部损失两类。企业内部损失是指因安全问题使企业内部引起的停工损失和安全事故本身造成的损失；企业外部损失是指因安全问题引起的发生在企业外部的损失和影响。企业内部损失和企业外部损失共同决定安全成本的高低。

根据安全成本的概念和分类情况，一般的企业可以设置四级成本核算科目。一级科目：安全成本；二级科目：预防成本和事故成本；三级科目：安全管理成本、安全技术成本、安全设备成本、企业直接损失成本、企业间接损失成本；四级科目：在三级科目的基础上进一步细化。企业安全成本核算科目设置体系如图 7-2 所示。

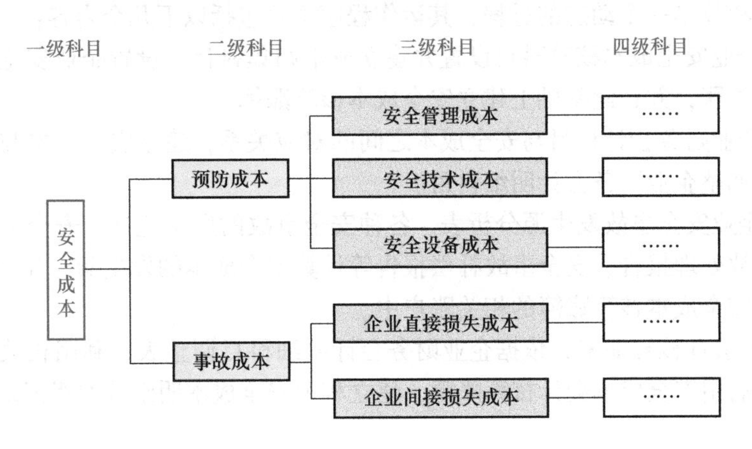

图 7-2　企业安全成本核算科目设置体系

7.5.2　安全成本核算数据的收集

目前，企业发生的与安全生产有关的成本费用有一部分被零散地记录在各项会计科目下，另一部分则无法从现有的会计记录中直接得到，因此，会计收集的收据是安全成本核算的关键所在。企业安全成本数据收集的主要问题在于确定收集渠道和数据的传递。

1. 安全成本数据的收集渠道

企业的安全成本一般可以通过以下三种渠道收集：①直接利用现有的会计资料进行收集，即在日常填制凭证和登记明细账时，遇到与安全成本有关又能直接分离的，即在凭证上加盖安全成本专用章或专用戳记，这样，安全成本核算员能快速进行收集。安全生产的大部分费用均可通过这种方式收集。②有些数据虽然存在于现有的会计资料中，但与其他费用紧密联系在一起，而无法直接分离出安全成本。对这类成本一般需要建立临时记录卡来反映，并通过调查分析将安全成本与非安全成本区别开来，以便科学地确定安全成本的实际发生额。③针对不能从现有的会计资料中收集到的，且不属于现行会计制度核算范围的隐含的成本，必须设置专用凭证进行单独计算。由于这些费用并没有实际支出，往往只能通过估算取得。因此，需要借助统计核算手段和业务核算手段，在充分调查分析的基础上，才能正确估算这些隐含成本。

2. 安全成本数据的传递

企业通常会将安全成本的各项指标分解落实到责任单位，相应地，安全成本明细科目的数据应由各责任单位负责提供，然后由安全管理部门分类汇总。首先由各责任单位的专职或兼职核算员编制安全成本原始凭证（如是直接从现有会计资料中获取的，可免去这一程序，直接获取相应的原始凭证的复印件），然后各责任单位核算员以相关的原始凭证为依据，以责任单位为主体，进行安全成本的明细核算，并编制安全成本明细表。最后，安全管理部门根据各责任单位报送的明细表，汇总编制报告期安全成本数额。

7.5.3 安全成本核算运作程序

安全成本核算是一个动态的过程，其运作程序主要包括以下几个内容：

1）依据企业安全成本核算科目设置并建立成本归集科目，设置企业安全成本核算总分类账和明细分类账，并在此基础上建立安全成本核算账簿。

2）依据企业财务会计科目与安全成本之间的对应关系，建立安全成本与财务会计明细科目对应表，调整企业财务会计明细科目。

3）利用企业安全事故发生源分析表、各种安全事故的原始凭证、安全事故返工单和停工单、安全事故处理报告、安全事故补偿报告等计算安全成本的发生额，并归集到各个科目中，并汇总在安全成本核算账簿的相关账户中。

4）在财务会计核算期末，依据企业财务会计明细科目调整表，利用相关财务会计明细分类账记录，启用安全成本会计核算账簿，建立相关安全成本明细分类账记录，并进行最终分类汇总。

7.5.4 安全成本报告的编制要求及报告形式

安全成本报告（Safety Cost Report）是对一定时期内企业的安全管理活动或某一具体安全生产事项进行调查、分析、记录、计算、建议的书面材料。其目的是为企业的经营决策者提供有用的安全成本信息，便于企业利益相关人全面了解企业安全生产活动的投入与产出情况。编制安全成本报告，有利于分析企业安全成本各项目的比重和结构，便于发现安全成本存在的问题和原因，是正确、科学地进行安全生产管理、加强企业成本控制的基础。

1. 安全成本报告的特点及编制要求

安全成本是一种专项成本，也是一种管理成本，是为企业安全管理服务的，且有许多不同于财务会计意义上成本的特点，主要表现在以下三个方面：

1）安全成本报告的编制周期不固定。一般而言，对那些形式相对固定的报告，如安全成本各项内容执行情况的报告，企业只需要按季度报告一次；在事故高发期可以按月报告，及时提供给企业领导用于安全生产决策；对于重大的安全成本项目（如重大事故隐患整改项目）所做的专题报告可能半年甚至一年编制一次。而财务会计意义上的成本报告一般均按月编制（有些企业为了加强成本的日常管理，也编制旬报）。

2）安全成本报告的形式多种多样。由于国家没有明确的法律法规对其形式进行严格的规定，因此，安全成本报告的形式多种多样，既可采用表格形式，也可采用图形形式，企业可根据自身的实际情况选用合适的报告形式。财务会计意义上的成本报告必须采用表格形式。

3）安全成本报告不要求所有数据准确无误，允许部分科目存在一定的偏差。一方面，安全成本的构成项目中，有些隐含成本无法获取精确数据；另一方面，安全成本报告主要是用于企业安全生产决策，对于决策性的分析报告，及时性比准确性重要，一个很快能得到的近似值要比晚些才能得到的准确数字有用得多，所以如果准确性与及时性不能兼顾，准确度要求可放低，但对于定期由责任单位提供的安全成本报告，准确性要求较高。而财务会计意义上的成本报告，其数字必须准确无误。

安全成本报告作为企业的内部管理报告，主要是为加强企业管理，特别是加强安全生产管理和安全成本管理服务的。安全成本报告应以适应企业安全管理的要求和成本管理的需要来进行。这就决定安全成本报告的种类、格式、指标设计、编制方法、编报日期、报送对象等应从企业的实用出发，灵活确定，同时要做到针对性强，正确、及时。

2. 安全成本报告的基本形式

提供安全成本报告的基本形式有三种：陈述式、图形式和报表式，具体介绍如下：

（1）**陈述式**

陈述式安全成本报告是指通过文字表述来反映安全成本管理的现状、存在的问题和改进的措施，它的特点是表达全面、详细、易懂。这种形式一般适用于对重大的安全生产决策项目进行专项报告，或在期末报告安全成本分析的结果。陈述式安全成本报告应重点报告形成安全成本的主要因素和相应的安全成本数量，以引起上级管理者的重视，同时应报告可能改进的机会，给出有改进潜力的成本项目。

（2）**图形式**

图形式报告采用图形方式来整理、分析和报告数据，便于人们一目了然地把握安全成本各项内容的重点，具有醒目、形象和简单的特点，应该是管理人员比较乐于采用的一种方法。图形式报告通常采用的图形是折线图，如图 7-3 所示。

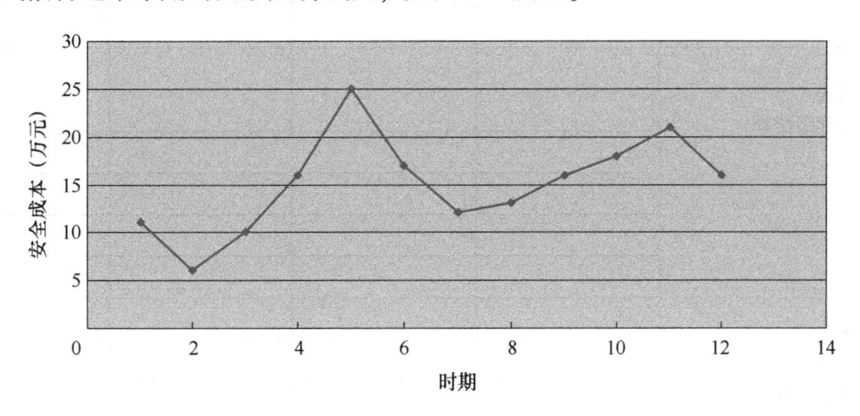

图 7-3　安全成本折线图

图形式报告在具体编制上有许多变化，图形的横坐标代表时间，其纵坐标一般是安全成本金额，如图 7-3 所示，反映的是企业安全成本绝对数的变动，但用来观测趋势，该形式也有缺点，因为具体金额受营业规模大小和通货膨胀的影响。安全成本折线图的纵坐标也可以是安全成本指数，即安全成本与销售收入的比值，该方式大体上可以排除营业规模大小和通货膨胀的影响。

（3）**报表式**

报表式安全成本报告是最常用的一种形式，它是通过编制报表来整理、分析、报告安全成本及其二级科目，并对结果进行评价说明。报表式报告具有准确性高、综合性强的特点，便于人们简单明了地掌握安全成本的发生情况等特点。报表式安全成本报告的格式可以形式多样，表格中的具体成本科目不同的企业可根据自身的需要来设置，但也不能毫无原则地乱用。一般而言，有安全成本明细表和安全成本汇总表两种类型，其基本格式见表 7-4 和表 7-5。

表 7-4　安全成本明细表

项目 指标	上期实际发生额（万元）	本期计划发生额（万元）	本期实际发生额（万元）	占本期销售收入的百分比（%）
安全资产费用				
长期安全资产折旧费				
长期安全资产运营费				
长期安全资产维护费				
安全材料费				
小计				
安全管理费用				
安全工作费				
安全培训费				
劳动保险费				
安全奖励费				
专职安全管理人员工资				
安全检测费				
小计				
直接经济损失				
伤亡人员医疗赔偿费				
事故处理费				
财产损失费				
被罚款项				
小计				
间接经济损失				
生产损失费用				
非生产性质的工资				
其他有关费用				
小计				
合计				

表 7-5　安全成本汇总表

项目 指标	上期实际发生额（万元）	本期计划发生额（万元）	本期实际发生额（万元）	本期差异（+ -）		本期累计发生额（万元）
				比上期	比计划	
安全资产费用						
安全管理费用						
直接经济损失						
间接经济损失						
合计						

7.6 安全成本控制

7.6.1 企业安全成本相关指标分析

1. 安全成本分析的方法

(1) **比率法** (Ratio Method)

比率法即通过对安全成本的各个指标之间的相互比例进行比较、分析，并根据比较的结果为企业安全管理服务。比率法具体分为构成比率法和动态比率法。其中，构成比率法主要是分析各个构成部分指标之间的相互比例关系。而动态比率法是根据各个安全成本的构成因素的特征（随着时间动态发展变化），利用两个以上指标的比例进行分析的方法，而对于各个动态指标的研究有利于掌握安全成本的发展方向，寻找发展规律。

(2) **分层法** (Top and Bottom Process)

分层法即根据安全成本的实际发生对象将安全成本总额进一步细分到各个组成部分，有利于发现安全成本发生的主要部分，找出安全成本管理的主要对象，便于安全成本的管理。分层法可分为分部工程安全成本分析、分项工程安全成本分析、单位工程安全成本分析和单项工程安全成本分析。

(3) **因素分析法** (Factor Analysis Method)

因素分析法即对形成安全成本的各个因素采取逐项因素分析的方法，以确定各因素变化对安全成本的影响程度。因素影响程度分析可采用连环替代法（连环替代法也称因素替代法，是从数值角度计算若干相互联系的因素对综合经济指标影响方向和程度的一种分析方法）进行，因素分析法的主要步骤如图 7-4 所示。

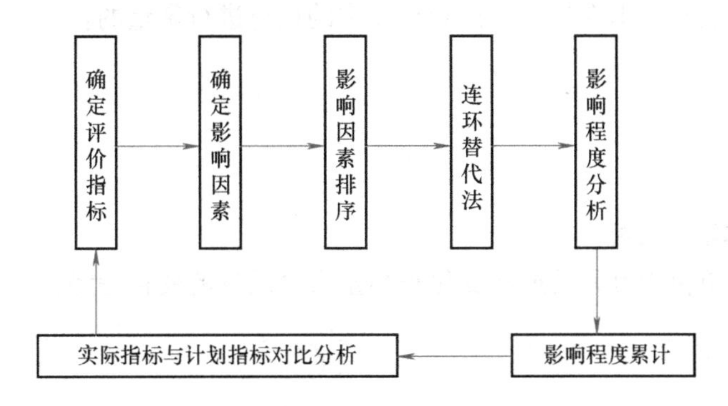

图 7-4 因素分析法分析步骤

(4) **比较法** (Comparison Method)

比较法即通过技术经济的比较，检查计划、目标的完成情况，分析产生差异的原因及挖掘降低安全成本的途径。比较的主要指标主要有：实际指标与计划指标；本期指标和上期指标；与本行业平均水平、先进水平对比。

(5) **ABC 分析法** (ABC Method)

运用 ABC 分析法的主要目的就是根据安全成本发生情况进行累积，最终找出安全成本发生的主要类型，然后在此基础上可以有针对性地制定改进策略，达到为安全管理服务的目的。

一般在实际应用中，通常按照累计频率0~80%、80%~90%、90%~100%分为三部分，与其对应的因素分别为A、B、C三类，其中A类为主要因素，也是安全成本管理的主要对象。ABC分析法如图7-5所示。

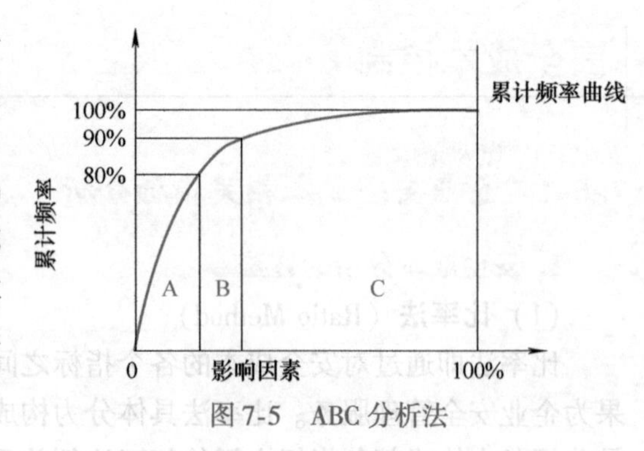

图7-5 ABC分析法

2. 安全成本分析的指标类型

安全成本分析的指标根据分析的目的不同，可以划分为多种，一般来说主要需要分析的指标包括以下六个方面：

（1）安全成本比例分析

安全总成本由安全预防成本和安全事故成本组成，利用安全预防成本和安全事故成本在安全总成本中的比重分成以下两种比例：

$$\text{安全预防成本率}=\frac{\text{安全预防成本}}{\text{安全总成本}} \tag{7-18}$$

$$\text{安全事故成本率}=\frac{\text{安全事故成本}}{\text{安全总成本}} \tag{7-19}$$

$$\text{安全预防成本率}+\text{安全事故成本率}=1 \tag{7-20}$$

各个企业在建立自己的安全成本管理体系时，最难把握的是安全预防成本的控制和投入，其中安全预防成本投入会根据企业每年不同的安全水平进行调整。

（2）安全成本在投资总额、总成本中的比重

这类指标是以安全成本在投资总额和总成本的比重进行衡量的：

$$\text{年安全成本资金占用率}=\frac{\text{年安全成本总额}}{\text{年投资总额}} \tag{7-21}$$

$$\text{年安全成本耗用率}=\frac{\text{年安全成本}}{\text{年总成本}} \tag{7-22}$$

（3）安全成本动态指标

这类指标利用单位为万元的成本变化来衡量安全成本的变化趋势：

$$\text{万元安全成本变化率}=\frac{\text{本期万元实际安全成本}-\text{基期万元实际安全成本}}{\text{基期万元实际安全成本}} \tag{7-23}$$

$$\text{万元安全固定成本变化率}=\frac{\text{本期万元实际固定成本}-\text{基期万元实际固定成本}}{\text{基期万元实际固定成本}} \tag{7-24}$$

这里以每万元成本变化而不以总成本变化来衡量安全成本的变化趋势主要是为了削弱不因企业每年完成工程量不同而引起的总量差较大造成的差异性。当然这里采用的指标是以万元作为基本单位，在实际开展分析工作时也可以采用以下指标进行补充说明：

$$\text{目标安全成本实现率}=\frac{\text{本期实际安全成本总额}}{\text{本期目标(计划)安全成本总额}} \tag{7-25}$$

$$\text{某项工程安全成本实现率}=\frac{\text{本期实际安全成本}}{\text{本期目标(计划)安全成本}} \tag{7-26}$$

（4）**安全成本灵敏度分析**

安全成本灵敏度（SCS）主要是指企业基期与报告期比较，安全事故直接损失与安全预防成本各自变化量的比值。计算公式如下：

$$SCS=\frac{报告期安全损失-基期安全损失}{报告期预防成本-基期预防成本} \tag{7-27}$$

SCS 的含义就是每单位安全损失所花费的预防成本，SCS 值越大就表示花费的预防成本就能减少更大数额的损失，因此此时增大安全投入就会取得良好的经济效益，以此指标可以判断哪些部分处于改进区，有利于安全成本的主动管理。

（5）**安全成本构成分析**

安全成本构成分析是根据安全成本的发生状况，对安全成本进行分类汇总，然后可以直观地用图形或者表格来反映安全成本的构成概况。通过这样的分析，可以对安全成本的总体发生状况有个清晰的了解，并且可以进一步对各种安全成本发生状况有清晰的认识。例如，预防成本与事故成本之间的比例关系，包括分析各个安全成本项目在总安全成本的比例关系，特别是对安全投入不足的企业有着很好的警示作用，让这类企业认识到加大安全预防成本将有助于安全成本总额的减少。

对安全成本内部结构及相互关系的分析，主要是反映企业在一定时期内安全成本投入的分布情况及各安全成本之间的相互比例关系，为企业合理投入成本费用、确定安全成本最佳状态提供依据。在安全成本构成分析的基础上，进一步对安全成本明细项目分层，以寻求安全成本失控的根本原因。

（6）**安全成本变化趋势分析**

安全成本变化趋势分析是企业在积累了一定数据资料的基础上，通过绘制趋势图，对较长时期内的安全成本、安全成本的各个组成项目、安全成本构成指标的变化连续地观察和分析。这种分析能表明已确定的安全成本目标的完成情况，进而观察到采取安全措施后所取得的成绩变化。具体的要求就是根据企业若干年的资料，探索变化发展规律，找出均值和允许安全成本变化的控制边界，实现连续性分析。基本数据为 a_1，a_2，a_3，…（a_i 是安全成本随时间变化的各个时间序列的取值，$i=1$，2，…，n），则中心线（均值）CL 可表示如下：

$$CL=\frac{a_1+a_2+\cdots+a_n}{n} \tag{7-28}$$

根据数理统计方法确定允许变化值 δ（一般给定的值），然后计算控制上限 UCL 和控制下线 LCL：

$$UCL=\frac{a_1+a_2+\cdots+a_n}{n}+\delta \tag{7-29}$$

$$LCL=\frac{a_1+a_2+\cdots+a_n}{n}-\delta \tag{7-30}$$

安全成本分析是一项综合性的工作，以上这些指标在许多方面都能够予以互补。因此，在具体实践中可综合运用以上指标来分析安全成本的规律，为企业安全管理服务。

7.6.2　企业安全成本的控制

1. 企业安全成本控制的概念

成本控制（Cost Control）是企业根据一定时期预先建立的成本管理目标，由成本控制主体在其职权范围内，在生产耗费发生以前和成本控制过程中，对各种影响成本的因素和条件采取一系列预防和调节措施，以保证成本管理目标实现的管理行为。

安全成本控制（Safety Cost Control）就是对安全成本各项费用的动态管理行为，就是依据安全成本目标，对安全成本形成过程中的一切耗费进行严格的计算和分析，指出偏差，及时纠正，从而实现预期的安全成本目标。

2. 企业安全成本控制的基本原则

（1）全面性原则

主要是要求实行“三全”体系：①一是全过程控制。企业安全的成本控制不能仅限于企业生产实施过程的控制，它必须贯穿于整个产品生命周期的全过程。全过程安全成本控制要求产品的规划、设计，建设实施、竣工交验、试运行以及后期评价等所有阶段都进行安全成本控制。②二是全员控制。全员控制是要发动企业所有部门的每个员工建立成本意识，提高整体员工控制安全成本的积极性与主动性，使其参与到安全成本控制中去。③三是全方位控制。安全成本控制不能仅考虑企业利益和眼前利益，还必须考虑社会利益和企业长远发展利益。在实际进行安全成本控制中必须从各个方位进行综合考虑。

（2）成本效益原则

这是实施安全成本控制的根本目的，企业为取得良好的经济效益和社会效益，在实施安全成本控制的过程中必须坚持成本效益原则。

（3）最优原则

安全经济效益表现为两方面，一方面是损失的减少，另一方面表现为效益的增加，这两方面都是从产出的角度分析问题的。实际上，也可从另一个角度入手，在产出不变的情况下，减少成本的支出，形成成本投入的最优化。而最优化原则就是在资源有限的情况下，减少不必要的安全成本的投入，实现安全成本的最优化。

（4）例外管理原则

例外管理原则主要应用于企业生产过程的成本控制。在生产过程中，实际成本脱离目标成本的差异种类繁多，要把所有差异都进行分析研究，不仅不需要，事实上也不可能。因此，对成本差异的研究，要抓住差异要点，这些要点就是例外事项。安全成本例外管理就是将易引起安全成本变化的事项作为例外事项，研究这些例外事项的规律性，并为防止这类事件引起安全成本变动制定相应的预防和应对策略。

（5）系统性原则

安全成本的发生不仅仅是安全体系本身的问题，它还受到多方面因素的影响，如质量、工期、各种资源条件等的影响。要对安全成本进行恰当的控制，必须综合考虑这些诸多因素，不能单一地看某一个方面，要从整体出发，要将安全成本和企业生产其他方面作为一个整体、一个系统对待，这样才能有效地进行安全成本的控制。

（6）动态性原则

在产品生产的全过程中，安全成本随时都可能发生，具有不确定性特征。要对安全成本进行恰当的控制，必须进行动态管理。

（7）及时性原则

安全成本形成的各个因素之间都相互影响、相互作用，为了有效地进行成本的控制，在成本形成前就应当及时做好成本的预测、决策、价值工程分析等工作，由被动的成本控制变为主动的成本控制。强调成本控制的及时性，对产生的安全成本差异也应尽快找出原因，采取纠正措施，防止同类错误，造成更大的损失。

3. 安全成本控制的方法

安全成本控制的方法很多，这里主要介绍比较常用和有效的控制方法。从安全成本控制行为发生的时段角度，可以将安全成本控制分为事前控制、事中控制、事后控制三种类型。

（1）**事前控制**（In-advance Control）

事前控制主要是安全事故发生前，对可能引起安全事故发生的因素和产生的后果进行预测、决策和计划，对一切可能会对成本发生影响的内、外界因素进行预测，准备应变方法。在全面进行技术经济分析和价值功能分析后，以求用最合理的成本使企业安全生产既达到必要的要求，又达到目标利润的要求。

（2）**事中控制**（In-process Control）

事中控制阶段主要是生产过程中的成本控制，伴随着企业的安全生产，企业的安全成本也相应形成，将实际成本与目标成本进行比较，从显示的差异中分析原因、采取措施、调节偏差。

（3）**事后控制**（Post-action Control）

事后控制主要是指安全事故发生后，通过及时调查、研究，并制定相应的策略，减少和抑制安全成本的增加；同时也包括安全事故结束后，把安全成本发生的差异及原因进行汇总，编制成本表，分析研究成本变动的规律，总结经验，为制定新的目标成本、标准或预算提供科学依据。

4. 安全成本控制的过程

安全成本控制过程主要是指在企业生产过程中对形成安全成本的各项因素按照事前制定的标准或预算加以监督，发现差异，就及时采取措施加以纠正，使产品生产过程中各项消耗和费用都控制在标准或预算规定范围内的过程。一般主要包括以下几个内容：

（1）**制定安全成本控制标准**

制定安全成本控制标准是控制实际成本的基础，它规定了在一定生产技术设备条件下安全成本的数量界限。制定成本标准的方法主要有经验法、定额法、标准法和预算法。这需要收集大量以前同类项目的安全成本的资料，整理分析安全成本的形成和其数量标准，再结合本项目的相关特征制定本项目的安全成本控制标准。

（2）**监督、控制安全成本的形成**

安全管理人员要进行实地考察，监督，控制安全成本的形成过程，根据分解的指标体系，记录有关的差异，及时进行信息的反馈，尽量采取补救措施，进行修正，使其不得超越标准。

（3）**分析成本的差异**

当实际成本支出和成本标准比较时，难免发生差异，差异可能是不利的超支，也可能是有利的节约。对这些重要信息需尽快进行分析，找出原因，有助于及时纠正偏差。

（4）**采取改善措施**

差异分析是研究改善措施的重要信息，当探究到原因后，要通过相应手段，采取改善措施，修改安全成本标准，以便日后成本控制更为有效地进行。

通过成本控制，促使企业能够按照事先预算的成本水平进行生产，防止与克服生产过程中损失和浪费的现象发生，使企业的人力、物力和财力等各项资源得到合理利用，保证必要的安全生产的投入，从而提高安全经济效益。

7.7 企业安全成本的优化分析

企业安全成本优化的实际意义在于指导安全经济决策，确定最佳的安全成本投入，就是用较少的人力、物力、财力、时间、空间获取较大的企业安全生产成果，以便树立良好的产品形象和企业形象。

企业应该投入多少来保障生产安全呢？在社会发展水平和资金有限的情况下，并非投入越多越好，当投入超过一定程度，使得降低事故和危害事件所减少的价值损失（即社会获得的收益）不能抵偿投入时，这样的投入就是不合理了。因此，单纯从经济的角度讲，在特定的经济发展水平下，存在使得社会综合效益最大的安全状态，这一状况下的安全与社会经济发展关系，就是两者最合理的比例协调关系。

安全涉及两种经济消耗：事故损失和安全投入，两者之和表明了安全经济负担总量。

随着安全投入的增大，事故损失会相应减少，安全水平就会相应提高，但总的安全投资呈现一个迂回的变化趋势。当系统安全水平为零时，从理论上讲安全损失趋于无穷大；当安全水平趋于100%时，损失趋于零。

安全生产投入最优化有以下两个原则。

1. 安全经济投入最低消耗原则

安全经济最优化的一个目标就是使安全经济总消耗 $B(S)$ 取得最小值，即在相应安全水平 S_0 处有安全经济消耗最小值 $B_{\min}$，而 S_0 可由式（2-11）求得。

2. 安全投资最大效益原则

安全投资最大效益可以用安全效益与成本的比值来表示，而安全效益用事故损失的减少或安全性的增大来表示，即令：

$$\frac{L_{Q}(S)-L_{H}(S)}{C(S)} \longrightarrow \mathrm{Max} \tag{7-31}$$

式中，$L_Q(S)$——安全投资前的预期事故损失；

$L_H(S)$——安全投资后的预期事故损失；

$C(S)$——投入的安全成本。

实际规划安全系统时，应遵从最适安全的指导思想，即一个合理的安全系统应是其安全能力处于最适安全度的状况下。区别于最佳安全、最大安全和绝对安全，最适安全更具有科学性和合理性。最适安全的概念是：安全系统的功能与社会经济水平的统一、与科学技术水平的统一，在有限的经济和科技能力的状况下，获得尽可能大的安全性。

本章小结

企业安全费用管理与成本核算是企业安全生产管理的重要内容之一，不仅有助于企业确定最佳的安全投入，降低经济消耗，提高安全效益，同时也是企业加强成本管理、提升安全生产管理水平的需要。

本章阐述了安全费用管理与成本核算的必要性，介绍了安全费用管理的目标、要求与计划编制，安全设备设施折旧与更新，以及安全成本核算的含义、组织形式、核算方法与工作内容，并在此基础上，给出了安全成本分析、控制、优化方法。提出要合理地设置安全成本核算的会计科目，注重安全成本数据的收集及运作程序。对安全成本形成过程中的一切耗费进行严格的计算和分析，指出偏差，及时纠正，进而实现预期的安全成本目标。

思考与练习

1. 简述企业安全费用管理与成本核算的必要性。
2. 试述安全费用管理的目标和要求。
3. 谈谈如何做好安全费用的日常管理。
4. 某矿购置了一套价值31万元的安全防护装置，可使用6年，第6年年末的残值为1万元，分别用直线折旧法、年数合计法及双倍余数法计算每年的折旧额。
5. 如何设置企业安全成本核算科目？其体系包括哪些成本对象？
6. 简要列举安全成本核算的主要方法及必要准备。
7. 简述安全成本核算运作程序，并介绍每一阶段任务的具体要求。
8. 简述安全成本报告的特点、报告的分类及报告的编制要求。
9. 某建筑行业企业每万元工程量中安全成本数额见表7-6（假定数据可比 $\delta=200$）。

表7-6 安全成本数额

时间序列	1	2	3	4	5	6	7	8	9
万元安全成本（元）	345	378	456	674	543	487	562	578	531

分别计算出中心线（均值）、控制上限以及控制下限。

10. 实行企业安全成本控制时的“三全”体系是什么？包括哪三个部分？
11. 从安全成本控制行为发生的时段角度分析，安全成本控制的方法有哪些？
12. 结合安全成本动态变化曲线和安全负担函数，解释事故损失与安全投入之间的关系，进一步试分析企业安全成本的优化的基本过程和途径。
13. 若安全设备原始价值为8000元，预计残值为800元，运行成本初始值为800元/年，年运行成本劣化值300元/年，则该安全设备经济寿命为多少？

第8章 安全效益分析

本章学习目的

理解安全效益的特点、形式，并学会区分安全效益与安全效果、安全效率
熟悉安全效益的影响因素和实现过程
了解安全效益评价的指导思想，并掌握安全经济效益和安全非经济效益的评价
掌握安全投资项目经济评价方法

安全效益是企业研究安全投入和安全产出的根本目的，也是企业提高安全水平的根本动力。安全效益的存在，是现今市场经济条件下，企业自觉遵循经济学原理，主动增加安全投入、减少安全损失的最直接原因。本章在分析安全效益的六大特征后，从不同角度和层面定义了安全效益的分类和内容；通过剖析安全效益的影响因素，阐述了安全非经济效益的实现过程和安全经济效益的实现过程，重在体现“减损”和“增值”两个方面的问题。此外，本章也从安全经济效益和安全非经济效益两个角度对安全效益开展评价，最后提出提高安全效益的基本途径。

8.1 安全效益概述

8.1.1 安全效益的特点

安全效益（Safety Benefit）具有间接性、滞后性、长效性、多效性、潜在性、复杂性等特征。

1. 间接性

安全的效益是从物质资料生产或非物质资料生产的过程中间接产生，不同于生产经营过程中的原料投入到产品产出、实现效益的简单形式，而是通过一些手段来防范事故发生，在保障生产经营的顺利进行中间接地创造出经济效益。

间接性体现在以下三方面：首先，安全生产不是直接的物质生产活动，需要通过减少事故的人员伤亡和财产损失来体现其价值；其次，某些安全费用不是直接投入到物质生产的过程，而是投入到安全的保障过程，如消防、治安等投入；最后，并非所有的安全费用都能转化为使用价值，精神上、道德上的满足所产生的效益是间接的。

2. 滞后性

安全投资的成效要经过一段时间才能显现，特别是意外事故发生后，其价值体现比较明显，所以，安全滞后性又称为迟效性。安全效益往往在安全技术或措施的作用消失之后还存在。安全效益的迟效性可以从两个方面来体现：

1）安全减损（伤亡和财产损失）的作用，不是在安全措施运行之时体现出来，而是在事故发生时表现其作用和价值。但是不能“亡羊补牢”，应该是防患于未然，按滞后规律考虑问题和解决问题。

2）安全投资的回收期较长，要经过很长一段时间才能显现出来，安全效益往往在安全技术或措施消失后还存在。虽然见效较迟，但是效益很大。据国外资料统计，安全投资的效益是其投入的 6 ~ 7 倍。

3. 长效性

安全措施的作用和效果往往是长效的，不仅在措施的功能寿命期内有效，而且在措施失去功能之后其效果还会持续或间接发挥作用。安全效益的长效性包括内容如下：安全投入的生命周期性、安全功能的持续性、安全教育的长效性、安全设施的长期性。例如，采取的核污染安全防范措施，其作用不仅仅是措施本身产生的效能，而且具有造福子孙的长久效益；实施的安全教育将会使被教育者受益一辈子。

4. 多效性

安全的多效性是通过多种形式表现出来的，从安全投入与建设角度来说，安全效益的多效性主要体现在以下三方面：

一是安全保障了技术功能的正常发挥，使生产能够顺利进行，直接促进生产和经济的发展；二是安全保护了生产者的身心健康，使其生产积极性、工作效率得到提升；三是安全措施使人员伤亡和财产损失得以减少，减“负”为“正”，直接形成社会经济的增值作用。

5. 潜在性

安全服务于生产，它所创造的效益大多不是从其本身的功能中体现出来的，而更多的是隐含在因事故减少而提高了效率的生产经营行为和因事故减少获得了生命和健康的员工群体中。目前，一些企业认为安全“不生钱”，安全不出效益，而且要投入大量的人力、物力和财力，所以在企业日常生产中，往往重生产、重效益，淡化安全投入。其实，安全所创造的效益体现在保障生产顺利进行、对员工生命健康的保护而减少损失，是经济可持续发展的需要，安全的经济效益潜在于安全的需求和目的之中。

6. 复杂性

安全效益还具有复杂性的特点：既有直接的，又有间接的；既有经济的，又有非经济的；既有能用价值直接计量的内容，又有不能直接用货币来计量的方面。因此，安全效益有些可以用量的关系表示，而更多的无法用数量表示，如劳动条件的改善、劳动强度的降低、生产系统安全性的提高等。安全效益是类型多样、成分复杂的研究对象，而安全经济效益主要体现在“减损”和“增值”这两个方面。

8.1.2 安全效益的形式

从表现形式来看，安全效益分为直接效益和间接效益。安全的直接效益是指人的生命安全和身体健康的保障以及财产损失的减少，这是安全的减轻生命与财产损失的功能；安全的间接效益是维护和保障系统功能（生产功能、环境功能等）得以充分发挥，这是安全效益的增值功能。安全直接效益和间接效益正是安全经济效益“减损”和“增值”这两个方面的体现。

从所属层次来看，安全效益可以分为微观效益和宏观效益。所谓微观效益，就是以企业的角度来实施安全活动从而形成的效益，以期在提高安全水平的同时，为企业创造最好的效益，包括两个方面内容：一是减少损失成本所得的企业安全效益，二是企业安全管理改善，从而使企业产品的产量增加而带来的效益。所谓宏观效益，是指通过安全条件的改善，对国家和社会发展、企业或集体生产的稳定、家庭或个人的幸福起到积极作用，包括通过改善安全条件，减少人员伤亡、环境污染和危害，从而形成的效益。

从性质上来看，安全效益又可以分为经济效益和非经济效益。安全经济效益是安全效益的重要组成部分。安全经济效益（Safety Economic Benefit）是指通过安全投资实现的安全条件，在生产和生活过程中保障技术、环境及人员的能力和功能，并提高其潜能，为社会经济发展所带来的利益。安全经济效益包括两方面的内容：第一是直接减轻或免除事故或危害事件给人、社会和自然造成的损伤，实现保护人类财富，减少无益损耗和损失，简称为减损收益；第二是保障劳动条件和维护经济增值过程，简称为增值收益。安全非经济效益（Safety non-Economic Benefit）也叫安全社会效益，是指安全条件的实现对国家和社会发展、企业或集体生产的稳定、家庭或个人的幸福所起的积极作用，包括生命与健康、环境、商誉价值等。

安全效益的形式划分如图 8-1 所示。

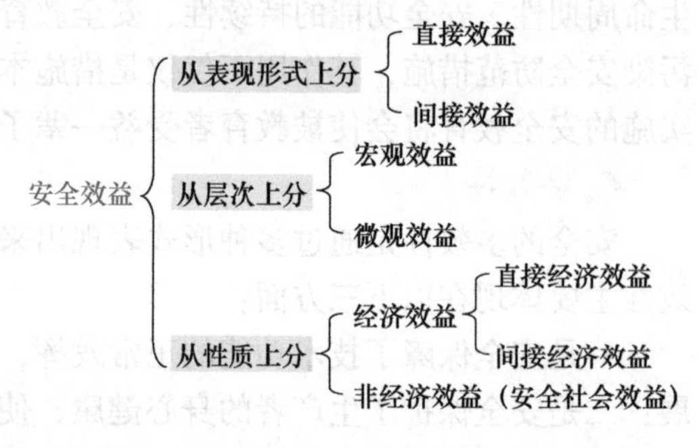

图 8-1 安全效益的形式

8.1.3 安全效益与安全效果、安全效率的区别

安全效益通常是指经济效益，泛指安全生产对社会经济产生的效果及利益。安全效益反映出“投入产出”的关系，即“产出量”大于“投入量”所带来的利益。

用比值的概念，安全效益计算的一般公式如下：

$$安全效益 = \frac{安全产出量}{安全投入量} \times 100\% \tag{8-1}$$

用利润的概念来表达安全效益，从而得到下面的差值法公式：

$$安全效益 = 安全产出量 - 安全投入量 \tag{8-2}$$

安全效益是安全收益与安全投入的比较，反映了安全产出与安全投入的关系，是安全经济决策的重要依据。

安全效果是指劳动或活动实际产出与期望（或应有）产出的比较，它反映了实际效果相对计划目标的实现程度。安全效果计算的一般公式如下：

$$\text{安全效果} = \frac{\text{实际产出量}}{\text{应有产出量}} \times 100\% \quad (8\text{-}3)$$

安全效率通常用来衡量生产、加工、资源等的利用率。安全效率计算的一般公式如下：

$$\text{安全效率} = \frac{\text{产出量}}{\text{投入量}} \times 100\% \quad (8\text{-}4)$$

安全效率是指以尽可能少的投入获得尽可能多的产出。效率通常指的是正确地做事，即不浪费资源。例如，劳动生产效率常用人均产量、人均产值等指标来表示。

但仅仅有效率是不够的，管理者还应该关注效果，也就是完成活动以便实现组织的目标。安全效果是一项活动的成效与结果，效果通常是指做正确的事情，即所从事的工作和活动有助于组织实现其目标，它主要是由战略决策所决定的。

由此可见，安全效益、安全效果和安全效率三者是存在联系的：首先，从内容上看，反映的都是安全投入所得和安全投入所费的关系；其次，从要求上来看，都反映了以最少的投入获得最好的收益；最后，从发展方向来看，一般情况下的发展思路是：安全效率高，安全效果好；安全效果好，安全效益就比较大。

但是，安全效益、安全效果和安全效率三者之间又存在区别。安全效益是指某一特定的安全生产系统运转后所产生的实际效果和利益，它反映了人们的投入与所带来的利益之间的关系，不仅包括价值形态的经济效益，还涉及社会效果的考核体系。而安全效率是关于做事的方式（实际上是策略的制定），安全效果则关系到所做的事是否正确（实际上是战略的制定），它涉及组织的结果及组织的目标。因此，企业管理不能只是关注实现组织目标，也就是关注安全效果（安全战略定位是否正确），还应该尽可能有效率地（正确的策略）完成组织的安全生产工作。否则，将无法实现企业的高效益。在成功的组织中高效率和高效果是相辅相成的，而不良的管理通常既是低效率的也是低效果的，或者虽然有效果但却是低效率的。有可能会出现：安全效率高，安全效果不一定好；或者安全效果好，但安全效益不一定大。

因此，安全效益、安全效果和安全效率三者之间既相互联系又存在区别，但它们都是企业追求的目标。

8.2 安全效益的实现

8.2.1 安全效益的影响因素

1. 安全科学技术的发展

安全科学是保护人（劳动者）安全舒适、高效能活动（生产）的一门科学。安全科学技术的发展对于预防或减少生产过程中事故的发生、维护劳动者的身心健康具有重要作用。安全科学技术保障国家的财产和人民的生命安全，同时安全科学技术水平在一定程度上也制约着安全投入效能的发挥。

2. 安全管理

安全管理是防止事故必不可少的手段，虽然事故是不能绝对避免的，但有一个可以让社会接受的最适安全性，将生产安全事故控制在企业可以承受的范围内。第一，企业可以省去为事故买单的支出（经济影响和社会影响）；第二，企业生产可以正常运行，不受因事故带来的一系列影响从而达到预期的生产指标，甚至超标；第三，生产设备、设施良性运转，延长使用期限，节省设备、设施更新费用。减少了这些非正常的支出，带来的就是企业安全效益的增加。

3. 规范的生产过程

制定安全操作规程、安全技术规程，收集并整理安全法律、法规、规章、国家标准和行业标准。规范企业的生产过程，这是一个系统而又庞大的工程，尤其是安全操作规程的制定需要企业各种技术力量的融合，它的编制首先要考虑的是对操作者本人、企业财产的保护，同时还得兼顾生产工艺指标确保工艺的最佳。只有将操作的每一个环节控制在对人、对物、对料最大限度的保护和利用的点上，才能使安全效益达到最大。

4. 标准规范的作业场所

标准而又规范的作业场所带来的将是安全、质量、舒适，进而就是安全效益。规范的作业场所是企业生产的前提条件，企业的作业场所是生产的主阵地，是直接见到效益的地方、产出产品的地方。规范的作业场所，使得生产有序地进行；规范的作业场所必定是建立在杜绝和消除或是减少隐患的基础上的，换句话说规范的作业场所安全硬件设施是齐全的、有保障的；作业场所的规范体现在作业现场厂房设置符合规范要求、设备设施布置符合要求、安全防护配套设施符合要求、作业过程符合规范要求。企业的生产类别不同，规范性所带来的效益会有所不同，但无论是高精密的高新技术还是传统的化工生产，抑或是粗放式的生产企业，没有规范的作业场所，所产出产品的质量必定会受到影响，而技术含量要求高的企业作业场所对产品质量的影响作用会更大。

5. 安全文化

共同的语言、共同的地域、共同的习俗构成了文化，文化是一种精神层面，看不见却能感觉得到的精神支柱，它会用行为方式、制度等一些表象的东西体现出来，并且是通过长时期的磨合、去粗取精的一个糅合过程积淀下来的，文化对人的影响是无可替代的；当用制度制约每一个人的行动的时候，文化则通过潜移默化的方式转变着人们的思想，将思想凝聚到一个目标、一个宗旨服务的意愿上来。完善的制度约束着人们的行为，使之在规定的一个范围内，将所有的程序流畅化、透明化；而文化是通过感触的方式将企业想要达成的目标传递给每一个企业的成员。健康的、积极的、有深厚底蕴的文化不仅能够感召每一个从业者，也可以在物质之外使得从业者留驻企业，用文化留住一批有技术、有能力的从业者就是留住了一把创造效益的利剑。

6. 领导行为

实现安全生产是企业的组织目标，在实现这一目标的过程中需要领导者对安全行为进行引导并施加影响力。企业的安全生产水平的高低、事故防范率的高低以及由此造成的经济效益的高低，在很大程度上取决于领导行为。

安全生产是创造安全效益的前提，同时安全效益又反哺安全生产；两者是相互促进的关系，但在这个促进的过程中，首先要把握的就是前提条件，只有在拥有了前提条件之后，才能更好地发挥两者的相互作用，否则安全效益将无从谈起。

8.2.2 安全经济效益的实现过程

安全经济效益的实现在于“减损”和“增值”。为达到这两个目的，首先保证事故或灾害得以有效的控制和减少，实现“安全高效”的目标；同时要进行安全过程的优化，实现“安全高效”的目标。前者是从安全的目的出发，表明了对安全的“结果”的要求；后者是从安全的过程出发，是对安全手段的要求，是安全的“方法”论。

“安全高效”的概念是：尽一切能力去减少事故和灾害的发生，实现安全的高效果。具体内容如下：

1. 制定安全目标

根据一定时期的总方针，确定总体安全目标，将安全目标按管理层次纵向分解、按职能部门横向分解、按时间顺序层层分解到各级、各部门直到每个人，形成自上而下层层保证的目标体系。目标实施过程中人人参与安全管理，人人关心安全工作；按目标管理授权关系，由上而下逐级控制被授权人员，逐级检查、逐级调节、环环相扣；同时对重点目标、重点措施进行重点监控，达到控制企业安全事故发生、提高企业安全经济效益的目的。

2. 拟订安全措施方案

以超前性预防为主要的和根本的对策，采用系统性、综合性的治理对策，以治本为主、治标为辅作为基本的策略。

3. 提高安全水平和企业员工的安全意识

在保证应有的安全水平的前提下，降低安全资源消耗，包括降低安全劳动消耗和物化劳动消耗，主要是采用先进的工艺技术和先进的装备，发挥安全技术人员和安全管理人员的积极性，提高工作效率等，进一步合理地进行安全投入，使安全的消耗得到降低。

4. 开展安全经济评价

安全经济评价是对企业各个生产环节、各类灾害等的危险性，以及一旦事故发生可能造成的后果及经济损失进行评估。根据灾害的严重程度及危害程度，合理分配安全投入，做到投向合理，把有限的安全投资集中于事故预防措施上（包括科研、管理、技术、教育等方面的措施），重点解决直接影响人-机-环的事故隐患；做到安全措施经费的提取有保证，使用有监督，效果有评价。

5. 制定安全措施，加强安全教育、管理和监督

安全教育的潜在作用是巨大的，科学的安全管理与安全效果呈显著的正相关，安全监督是安全效果的重要保证条件。要做到安全措施必须与主体工程同时设计、同时施工、同时投产使用的“三同时”原则，并在此基础上加强安全教育、管理和监督。

6. 加大奖惩力度

安全必须纳入经济激励机制中，应用安全管理理论中的强化理论矫正职工的行为。注重安全激励与安全效果之间的内在关系、安全激励的多样化、正激励与负激励的结合、经济激励与精神激励的有机结合，由职工通过自己的努力达到安全期望，进行积极强化，给予适当奖励，提高安全工作的积极性。对于态度不认真、违反安全规程的员工，主要通过经济处罚，制约和约束员工安全活动的错误方向和程度，有效改变员工的安全态度、规范安全行为。

随着社会经济的发展、科学技术的进步和人们安全意识的逐步提高，人们越来越注重自身的职业安全健康和企业的安全可持续发展。因此，进行安全投入，也不能仅仅关注安全经济效益的实现，同时也应注重安全非经济效益的实现。

8.3 安全效益的评价

8.3.1 安全效益评价遵循的指导思想

评价安全效益时，应从两个方面进行考察。一方面是判定安全资金耗费在系统运行期间是否变负效为正效，具体是指建立和健全安全约束机制，提高设备的安全率，改善劳动环境，减少职业病发病率，使概率较大的事故和危险引发的损失降低或抑制，从而保证安全系统获得相对的收益；另一方面是判断在安全管理活动后，是否采用合理的管理方式使安全与利益挂钩，形成安全激励机制，扩大安全生产效益。

1. 安全投资角度的分析

安全投资表现的经济效益特征不同于一般生产经营的投资，它没有直接的盈利收入，其表现形式渗透在生产经营活动和成果中，突出了公益性。具体的经济效益由两个方面来分析：一方面是增值效益的反映，即实施安全投资后，提升工效等所产生的经济效益；另一方面是减损效益的反映，即实施安全投资后，杜绝了类似事故的发生而减少的事故的损失。

2. 安全管理角度的分析

防止事故是企业生产活动的基础，而安全管理是防止事故必不可少的手段，企业安全管理部门就是通过减少事故为企业创造效益。通过收集相关数据，如企业安全工作原始记录、历年发生事故统计表、未遂事故信息、重点危险源等，作为制定安全效益量值的参考依据，一般选取近五年的信息资料。据此，提出下一年度安全部门的工作目标、计划、建议方案以及防范措施，取得企业各级领导的认可。在年底进行年度总结时，结合一年内企业事故损失，若超过界限，安全效益为零或者负值；若没有超过界限，节省的开支和安全措施总体投入之差，就是企业安全部门对企业的贡献。

8.3.2 安全经济效益的评价

1. 安全宏观经济效益的评价

安全宏观经济效益的衡量有两种具体的方法：一是用“利益”的概念表达安全的经济效益，二是用“利润”概念表达安全经济效益。因此，要进行安全宏观经济效益的评价，需要计算安全投入量和安全产出量。其中安全投入量容易计算，关键是计算安全的产出量。

$$安全产出\ B = 减损产出\ B_1 + 增值产出\ B_2 \tag{8-5}$$

这样可以把安全的产出分为如下两部分来计算：

(1) 安全的“减损产出”

$$\begin{aligned}安全的减损产出\ B_1 &= \sum 损失减少增量 \\ &= \sum [前期(安全措施前)损失 - 后期(安全措施后)损失]\end{aligned} \tag{8-6}$$

损失减少项目包括：伤亡损失减少量；职业病损失减少量；事故的财产损失减少量；危害事件的经济消耗损失减少量。

$$安全减损产出\ B_1 = k_1J_1 + k_2J_2 + k_3J_3 + k_4J_4 = \sum k_iJ_i \tag{8-7}$$

式中 J_1——计算期内伤亡直接损失减少量（价值量），J_1 = 死亡减少量 + 受伤减少量；
J_2——计算期内职业病直接损失减少量（价值量）；
J_3——计算期内事故财产直接损失减少量（价值量）；
J_4——计算期内危害事件直接损失减少量（价值量）；
k_i——第 i 种损失的总损失与直接损失比例倍数。

1）计算期内伤亡损失减少量的计算如下：

$$J_1 = (R_{10} - R_1)NV_1 + (R_{20} - R_2)NV_2 \tag{8-8}$$

式中 R_{10}——投资前的死亡率（%）；
R_1——投资后的死亡率（%）；
R_{20}——投资前的受伤率（%）；
R_2——投资后的受伤率（%）；
N——考察期内的总体，量纲取决于 R（职工数或工时数）；
V_1——人的生命经济价值；
V_2——人的健康价值。

2）计算期内职业病直接损失减少量的计算如下：

$$J_2 = \text{职业病下降率} \times \text{暴露于危害的总人数} \times \text{单位人职业病消费期望值} \tag{8-9}$$

3）计算期内事故财产损失减少量计算如下：

$$J_3 = \sum \text{各类财产损失减少量} \tag{8-10}$$

4）计算期危害事件损失减少量计算如下：

计算期危害事件损失即 J_4 主要是指环境危害事件造成的损失，可参考有关环境损失的测算方法计算。

（2）安全“增值产出”

安全的增值产出是安全对生产产值的正贡献，目前对此方法的研究还比较少，此方法是基于安全的技术功能与维护作用而形成的增值作用，又称为贡献率法。计算公式如下

$$\text{安全增值产出 } B_2 = \text{生产总值} \times \text{安全生产贡献率} \tag{8-11}$$

确定安全生产贡献率主要有以下几个方法：

1）根据投资比重来确定贡献率，称作投资比重法。例如安全投资占生产投资的比重等。

2）采用对安全措施经费比例系数放大的方法计算贡献率。从更新改造活动的经济增长作用中根据安全措施经费所占比例划分出安全贡献的份额，作为安全的增值量。

$$\text{安全增值量} = \text{安全措施经费} \times \text{放大系数} \tag{8-12}$$

3）采用统计学的方法进行实际统计测算，对事故的经济影响和安全促进经济发展的规律进行统计研究，进而做出关于贡献率的确切判断。该方法合理科学，但在实际操作中存在困难。

（3）计算实例

例：2018 年，某地区的国内生产总值为 221.7925 亿元，总人数为 20.6997 万人，物质消耗总值为 73.9 亿元，安全措施投资人均 518 元，总投资为 1.072 亿元，事故人均直接损失 2013 年为 8.69 元，2018 年为 7.92 元。求 2018 年某地区总体的安全效益。

解：分别求出安全的“减损产出”和“增值产出”，再用比值法求出安全的年效益。

步骤一：求“减损产出”B_1

2018年某地区事故直接损失相对2013年的减少量为：

$$(8.69\text{元/人}-7.92\text{元/人})\times 20.6997\text{万人}=15.9388\text{万元}$$

根据减损产出公式，以及事故损失直间比的取值范围，考虑取直间比为1∶5，则2018年某地区的事故损失（直接损失+间接损失）相对2013年的减少量为：

$$B_1=15.9388\text{万元}\times(1+5)=95.6326\text{万元}$$

步骤二：求“增值产出”B_2

根据“增值产出”计算式，采用“投资比重法”确定安全活动对生产的贡献率，即：

$$\text{安全贡献率}=\frac{\text{安全投资}}{\text{生产投资}}=\frac{1.072\text{亿元}}{73.9\text{亿元}}=1.45\%$$

这样有 $B_2=0.0145\times 221.7925\text{亿元}=3.2160\text{亿元}$

步骤三：求安全总产出 B

$$B=B_1+B_2=0.00956326\text{亿元}+3.2160\text{亿元}=3.22556\text{亿元}$$

步骤四：求年度安全效益

$$\text{由比值法可得}:E=\frac{3.22556\text{亿元}}{1.072\text{亿元}}=3.01$$

可见，某地区经济发展过程中安全投资1元，获得效益为3.01元。

2. 安全微观经济效益的评价

安全微观经济效益的计量包括“减损”和“增值”两个方面，是指对于具体的一种安全活动、一个个体、一个项目、一个企业等小范围、小规模的安全活动效益。

（1）**各类安全投资活动经济效益的计算**

按照安全工作的专业类型角度进行划分，安全投资主要表现为五种类型：安全技术投资、工业卫生投资、辅助设施投资、宣传教育投资、防护用品投资。

从安全的“减损效益”和“增值效益”角度又可分为：

1）降低事故发生率和损失严重度，从而减少事故本身的直接损失。

2）降低伤亡人数或频率，从而减少工日停产损失。

3）通过创造良好的工作条件，提高劳动生产率，从而增加产值与利润。

4）通过安全、舒适的劳动和生存环境，满足人们对安全的特殊需求，实现良好的社会环境，从而创造社会效益。

不同的安全投资类型有不同的效益内容，各类安全投资的效果内容见表8-1。

表8-1　各类安全投资的效果内容

投资类型	效果内容	投资类型	效果内容
安全技术	1）2）3）4）	宣传教育	1）2）4）
工业卫生	1）2）3）4）	防护用品	1）2）3）4）
辅助设施	1）		

计算各类安全投资的微观经济效益，其总体思路可参照安全宏观效益的计算方法进行，

只是具体把各种效果分别进行考核，再计入各类安全投资活动中。从上述几点可以看出，1）和2）的安全效果是“减损效益”，3）和4）的效果是“增值效益”。

（2）**工程项目的安全效益计算**

一项工程项目的安全效益可用下式计算：

$$E=\frac{\int_0^h\{[L_0(t)-L(t)]+I(t)\}e^{it}dt}{\int_0^h[C_0+C(t)]e^{it}dt} \tag{8-13}$$

式中 E——一项工程项目的安全效益；

h——安全工程项目的寿命周期（年）；

$L(t)$——安全措施实施后的事故损失函数；

$L_0(t)$——安全措施实施前的事故损失函数；

$I(t)$——安全措施实施后的生产增值函数；

e^{it}——连续贴现函数；

t——工程项目服务时间（年）；

i——贴现率（期内利息率）；

$C(t)$——安全工程项目的运行成本函数；

C_0——安全工程设施的建造投资（成本）。

根据工业事故概率的泊松分布特性，在一般工程措施项目的寿命期内（10 年左右的短时期内），事故损失 L、安全运行成本 C 以及安全的增值效果 I 均与时间呈线性关系，即：

$$L(t)=\lambda tV_L \tag{8-14}$$

$$I(t)=KtV_1 \tag{8-15}$$

$$C(t)=rtC_0 \tag{8-16}$$

式中 λ——服务期内的事故发生率（次/年）；

V_L——服务期内的一次事故的平均损失价值（万元）；

K——服务期内的安全生产增值贡献率（%）；

V_1——服务期内单位时间平均产值（万元/年）；

r——服务期内安全设施运行成本相对于设施建造成本的年投资率（%）。

这样，将式（8-13）转变如下

$$E_{项目}=\frac{\int_0^h(\lambda_0tV_L-\lambda_1tV_L+KtV_1)e^{-it}dt}{\int_0^h(C_0+rtC_0)e^{-it}dt} \tag{8-17}$$

式（8-17）积分可得：

$$E_{项目}=\frac{(\lambda_0hV_L-\lambda_1hV_L+KhV_1)\{[1-(1+hi)e^{-hi}]/i^2\}}{C_0[(1-e^{-hi})/i]+rhC_0\{[1-(1+hi)e^{-hi}]/i^2\}} \tag{8-18}$$

分析可知，λh 是安全工程项目服务期内的事故发生总量；hV_1 是系统服务期内的生产增值总量；rh 是安全工程项目服务期内安全设施运行成本相对于建造成本的总比例。

（3）**计算实例**

例：市级主管部门向某县煤矿企业下达的年度安全经济考核指标，即事故直接经济损失

率 $p \leq 2.6‰$，安全技术措施经费投入率 T_g 应占销售总额的 8‰。2018 年，该煤矿总产值 U 为 14118 万元，销售总额 K 为 6875 万元，资金利润率 r 为 0.26，安全措施经费投入率 T_s 占销售总额的 6.7‰，计划投资的职工劳保用品费 L_g 为 2.56 万元，实际投入 L_s 为 2.34 万元，各类事故总损失 59 万元，求该煤矿企业 2018 年的安全经济效益。

1）求直接经济效益 E_a。

$$E_a = \text{安全收益} - \text{事故总损失} = 14118\text{万元} \times 0.6\% - 59\text{万元} = 25.71\text{万元}$$

其中：0.6% 是以监管部门的指标数据为对比标准的。

2）求减少安全投资转化的经济效益 E_c（直接减损价值）

$$\begin{aligned} E_c &= [(T_g - T_s)K + (L_g - L_s)](1 + r) \\ &= [(8‰ - 6.7‰) \times 6875\text{万元} + (2.56\text{万元} - 2.34\text{万元})] \times 1.26 \\ &= 11.54\text{万元} \end{aligned}$$

3）列出安全经济总效益的计算公式：

$$\begin{aligned} \text{安全经济效益} &= \text{直接经济效益} + \text{间接经济效益} + \text{直接减损价值} + \text{间接减损价值} \\ &= E_a + E_b + E_c + E_d \end{aligned}$$

提出两个假定：间接减损价值忽略不计；直接的安全经济效益和间接的安全经济效益的倍比系数是 1∶4。计算可得：

$$E = 5E_a + E_c = 140.09\text{万元}$$

计算表明：2018 年该煤矿企业通过安全管理为企业创造的经济效益为 140.09 万元。

8.3.3 安全非经济效益的评价

安全非经济效益是通过人员伤亡、环境污染和危害的减少来体现的，与经济有着密切的关系。在评价安全的非经济效益时，为了明确、清楚地分析问题，以及便于对问题的定量，通常把安全的非经济效益进行“经济化”处理。根据安全的非经济效益的特性，这种处理是可能的。例如对人的生命与健康，可以利用人力资本法来评估生命经济价值；对企业的声誉，可以通过企业声誉损失的系数表来评估安全事故引起的企业声誉损失；而环境的经济意义可用工程消耗来对其定量等。

不讲社会效益就背离了社会道德和人类的文明伦理，不讲经济效益就不能收到最好的社会效益。在安全生产活动中，只有按客观规律办事，合理进行安全投入设计，才能使安全社会效益和经济效益都得到提高。

8.4 安全投资项目经济评价

安全投资项目不同于一般的生产经营投资项目，要考虑如何评价和计算安全投资项目的经济效益，如何选择正确的安全投资方向，保证有限的资金用在刀刃上。

8.4.1 安全投资项目的特点

安全投资是为了提高企业系统安全性、预防各种事故的发生、消除事故隐患、改善作业环境所需投入的全部费用。安全投资包括安全技术措施费、工业卫生措施费、安全教育费、劳保用品及保护费、日常安全管理费等。根据安全投资的构成，可将其归纳为两类：一类是数额小但开支频繁，如小额安全技术和工业卫生措施费以及其他项目；另一类是数额大的安全技术和工业卫生措施费，这类费用项目可称为安全投资项目。安全投资技术经济分析主要针对安全投资项目。

安全投资项目作为一项投资，具有一般投资项目的共同特点，同时又具有其自身的特殊性。分析其独特的特点，可为采用正确的技术经济分析方法打下基础。

1）安全投资项目内容明确，具有强制性。安全活动是以投入一定的人力、物力、财力为前提的。《安全生产法》第二十条规定："生产经营单位应当具备的安全生产条件所必需的资金投入，由生产经营单位的决策机构、主要负责人或者个人经营的投资人予以保证，并对由于安全生产所必需的资金投入不足导致的后果承担责任。有关生产经营单位应当按照规定提取和使用安全生产费用，专门用于改善安全生产条件。安全生产费用在成本中据实列支。"

因此，在安全活动实践中，安全专职人员的配备、安全与卫生技术措施的投入、安全设施维护、保养及改造的投入、安全教育及培训的花费、个体劳动防护及保健费用、事故救援及预防、事故伤亡人员的救治花费等都是安全投资的项目内容。而事故导致的财产损失、劳动力的工作日损失、事故赔偿等非目的性（提高安全活动效益的目的）的被动和无益的消耗，则不属于安全投资项目的范畴。

2）安全投资项目效益的表现形式主要是"隐性"的，效益测定思路是"有无对比"。事故不仅造成财产损失，也导致人员伤亡；不仅有直接经济损失，还有间接经济损失。通过安全投资消除了事故隐患，也就是减少了事故经济损失，这就显示了安全投资项目的效益。这种效益不同于利润的增加，它不是显而易见的，而是一种隐性的效益。

3）安全投资项目存在形式通常是"混合"的。企业实施投资额较大的改善安全状况的项目，通常并不是纯粹的安全投资，而是包含其他技术改造投资内容的安全投资项目，它既能提高安全水平，又能提高劳动生产率、降低成本或增加销售收入，最终表现为增加净收益。在投资效益中既包括"隐性"效益——事故经济损失减少，也包括"显性"效益——净收益的增加。

8.4.2 安全投资项目净现值的计算

在研究期内不同时点上发生的所有净现金流量，按某一预定的折现率折算成等值的现值之和即为净现值，安全投资项目净现金流量应包含"隐性"效益和"显性"效益，其净现值计算公式如下：

$$\mathrm{NPV}=\sum_{j=0}^{n}\left[\left(-K_j+M_{yj}+M_{xj}\right)\left(1+i_c\right)^{-j}\right]+K_L\left(1+i_c\right)^{-n} \tag{8-19}$$

式中 NPV——项目净现值；

K_j——安全投资项目第 j 年投资；

M_{yj}——安全投资项目第 j 年"隐性"效益；

M_{xj}——安全投资项目第 j 年"显性"效益；

i_c——基准投资收益率；

K_L——安全投资在服务期末的残值；

n——安全投资项目的服务期限。

当 NPV≥0 时，该安全投资项目在经济上是可行的，当有多个备选的安全投资方案时，在可行方案中，NPV 值最大的方案，就是在经济上最优的方案。

8.4.3 安全投资项目内部收益率计算

内部收益率（IRR）又称为内部报酬率，是指使方案在研究期内净现值累计和为零时的折现率。它反映了投资项目资金的增值率。安全投资项目的内部收益率可通过下述计算公式求得：

$$NPV(IRR) = \sum_{j=0}^{n}(-K_j + M_{yj} + M_{xj})(1 + IRR)^{-j} + K_L(1 + IRR)^{-n} = 0 \quad (8\text{-}20)$$

式中　IRR——内部收益率；

其他符号意义同式（8-19）。

若 $IRR \geqslant i_c$，说明该安全投资项目在经济上是可行的。

若 $IRR < i_c$，说明该安全投资项目在经济上是不可行的。

8.4.4 安全投资回收期计算

投资回收期是指项目从初始投资起，到项目建成后投资全部收回为止所需的时间。对安全投资项目而言，是用“显性”效益和“隐性”效益来补偿安全投资的时间。

如不考虑资金时间价值，则使公式

$$\sum_{j=0}^{T}(-K_j + M_{yj} + M_{xj}) = 0 \quad (8\text{-}21)$$

成立的 T 即为静态投资回收期。

如考虑资金时间价值，则使公式

$$\sum_{j=0}^{T^*}[(-K_j + M_{yj} + M_{xj})(1 + i_c)^{-j}] = 0 \quad (8\text{-}22)$$

成立的 T^* 即为动态投资回收期。

很显然，对仅用于改善安全状况的纯安全投资项目而言，式（8-19）~式(8-22）中的 $M_{xj}=0$。

8.5 提高安全效益的基本途径

从根本意义上说，提高安全效益无非是两个途径：一是在现有投入水平的基础上，提高安全产出；二是以尽可能少的安全投入达到既定的安全水平。也就是说，通过发展安全科学技术，努力提高安全生产、安全生活的水平，并使安全的消耗得到有效的降低和减少。基本途径主要体现在以下几个方面。

1. 增加安全生产的投入

加大安全生产投入，着眼于强化职工安全意识，切实提高安全管理水平，为经济效益的提高提供强有力的安全保障。安全投入绝不是简单的成本增加，它是一种特殊的投资，它所产生的效益不像普通的投资那样直接反映在产品数量增加和质量的改进上，而是体现在生产的全过程，保证生产的正常和持续进行。其直接结果是减少事故的发生、减少人员伤亡和财产损失，而这个结果正是企业持续发展、保持正常经济效益取得的必要条件。例如，通过扩大安全投入，采用先进工艺装备，可以提高煤矿安全保障进程。在煤矿行业采用先进的工艺技术和先进的装备，充分发挥安全科技人员和安全管理人员的积极性，大力提高工作效率，全面实行改革创新；科学加大安全投入，可解放生产力，增强矿井的抗灾能力，改善安全生产条件，降低煤矿安全成本，提高经济效益。

2. 合理分配安全投入

实现生产过程或生活过程的安全条件，需要进行各种各样的安全活动，如技术活动、教育活动、管理活动等。这就产生了不同的安全投资渠道。怎样分配有限的安全投资，是关系安全总体效益的大问题。在我国的职业安全管理中，有如下几方面的安全投资比例关系需要探讨和研究清楚：

（1）**安全措施经费中各项安全费用的比例关系**

国家对从更新改造费中提取的安全措施费用，分为安全技术费用、工业卫生费用、宣传教育费用和辅助设施费用四种。每年提取的总费用，怎样合理地分配，是提高企业安全效益的基本保证。

（2）**安全技术性**（本质安全化）**费用与防护性费用**（辅助性）**的比例关系**

安全技术性费用是指实现本质安全化的投入，如执行“三同时”的安全设施（设备）费用，即从更新改造费中提取的用于本质安全的安全技术、工业卫生等安全措施费用；被动防护性费用是用于个体防护、辅助设施等作为外延性、辅助性的安全投入。例如，我国20世纪80年代的人均“安全技术＋工业卫生”两项技术性投入与“个体防护＋辅助设施”两项防护性投入的比例为40：54，也就是还不到1：1的水平；而在同期发达国家的状况是：人均安全措施费用与人均个体防护品费的比例为2：1。这说明我国在过去的时间里，在本质安全化方面的投入是较弱的，而要提高安全生产的水平，必须从本质安全入手，这就需要重视技术性投入。

（3）**安全硬技术投入与安全软管理投入的比例关系**

安全的活动是多方面的，既有直接“造物”性的活动，如为了产出具体的安全设施、设备、用具等；也有实现非“造物”性的活动，如进行管理、教育等活动。怎样来合理分配这两类活动的投资比例，是提高安全效益的重要方面。目前还没有掌握其比例关系的数据，但有一点可以肯定的是：要重视安全软技术（软科学）的投入，如安全基础科学研究、安全管理、安全教育等方面，同时对安全硬技术方面的投资要在保证基本强度的基础上，进行方案优化论证和管理，这样才能使有限的投资得到较大的收益。

（4）**主动预防性投入与被动防护性投入的比例关系**

安全措施费用、劳动防护用品等事前的投入均为主动预防性投入，而事故抢救、事故处理等事中和事后的投入均为被动性消耗。研究这两类投入关系的意义在于：确定在某一事故被动消耗水平下，主动性投入应该具有的水平或比例关系。即研究在掌握当前事故水平的条件下，预防性投资的规模或数量，做到有效地进行安全投资。

3. 提升安全管理的能力

安全管理能力首先是一种企业能力，具有企业能力的属性，是企业在对安全生产进行管理的过程中积累的各种知识与技能。安全管理能力由企业掌控的资源决定，企业拥有的资源及其组合情况形成了不同的安全管理能力。企业安全管理能力不是静止不变的，而是动态变化的，随着企业的成长而不断增长。此外，企业能力作为一种累积的知识与技能，知识与技能的难言属性使得企业安全管理能力具有特异性和不可模仿性，构成了企业竞争力的基础。其内容包括增加员工安全知识与技能的能力、优化设备安全性能的能力、提高物料安全水平的能力、改善安全制度的能力、监测环境安全状况的能力。企业提高安全管理能力应综合考察这五个方面的内容，以便杜绝人的不安全行为，提高员工安全参与的积极度，实现安全系统效能的综合性能的改善。

4. 做好安全事故防范

做好安全事故防范工作，突出预防为主，强化事前预防，完善事故防范措施。

通过制定应急预案，一旦发生事故，将损失降至最低程度。通过安全设计、操作、维护、检查等措施，预防事故，降低风险。这就需要实现安全投入，制定出万一发生事故后应采取的紧急措施和应急方法；建立事故应急救援体系，在事故发生后迅速控制事故发展，保护现场人员和场外人员的安全，将事故对人员、财产和环境造成的损失降至最低程度；同时学习运用现代安全管理技术，对安全生产进行全面系统的科学管理，它是防止事故发生必不可少的手段。

本章小结

安全效益是指安全水平的实现，对社会、对国家、对集体、对个人所产生的效果利益，其实质是用尽量少的安全投资，提供尽量多的符合全社会需要和人民要求的安全保障。本章主要介绍安全效益的六大特点：间接性、滞后性、长效性、多效性、潜在性、复杂性等。从安全效益表现形式的角度，安全效益可以分为直接效益和间接效益；从安全效益的层次上来看，安全效益可以分为微观效益和宏观效益；从安全效益的性质上来看，安全效益又可以分为经济效益和非经济效益。同时，安全效益、安全效果和安全效率三者之间既相互联系又存在区别。

可以从安全科学技术的发展、安全管理和教育、规范的生产过程、安全文化等方面来剖析安全效益的影响因素。安全效益的实现过程主要从安全非经济效益的实现过程和安全经济效益的实现过程进行阐述，重点在于安全经济效益的实现，主要体现在“减损”和“增值”两个方面。本章阐述了安全经济效益评价应遵循的指导思想，分别针对安全宏观经济效益、安全微观经济效益、安全非经济效益以及安全投资项目给出了评价方法。

提高安全效益的基本途径有两个：一是在现有投入水平的基础上，提高安全产出；二是以尽可能少的安全投入达到既定的安全水平。主要包括以下几个方面：①增加安全生产的投入；②合理分配安全投入；③提升安全管理的能力；④做好安全事故防范工作，突出预防为主，强化事前预防，完善事故防范措施。

思考与练习

1. 什么是安全效益？具有什么特点？
2. 从不同角度研究，安全效益有哪些形式？
3. 陈述安全效益与安全效果、安全效率的区别与联系。
4. 安全效益的实现过程包括哪些内容？如何实施？
5. 针对一个具体的项目，陈述安全效益如何评价及其具体内容。

6. 安全宏观经济效益如何实现评价的？标准如何定义？

7. 以某油田企业为例，中国石化集团主管部门向油田企业下达了年度安全经济考核指标，即事故直接经济损失率 $p \leqslant 0.6‰$，安全技术措施经费投入率 T_g 应占销售总额的 5‰。2018 年某油田工业总产值 U 为 2552318 万元，销售总额 K 为 2547020 万元，资金利润率 r 为 0.17%，安全技术措施经费投入率 T_s 为 4.6‰，计划投资职工劳保用品费 L_g 为 1768 万元，实际投入 L_s 为 1292 万元，各类事故总的直接经济损失 F 达 712 万元。分别计算该企业的直接经济效益 E_a、减少安全投资转化的经济效益 E_c 和安全经济总效益 E。

8. 安全非经济效益如何评价？试举例说明。

9. 通过哪些基本途径来提高企业的安全效益？试举例说明。

10. 试述安全投资项目的特点。

11. 某安全投资项目净现金流量见表 8-2，基准投资收益率为 12%，试计算净现值、内部效益率、静态投资回收期及动态投资回收期。

表 8-2　某安全投资项目净现金流量

年	0	1	2	3	4	5	6
净现金流量（万元）	-50	-80	40	60	60	60	60

第9章 企业安全经济活动的利益相关者分析

本章学习目的

了解企业安全经济活动过程中所涉及的各类利益相关主体及其特征

理解企业安全经济活动过程中，各类不同主体与企业的交互关系

现代企业的一个核心观点认为企业的本质是各种利益相关者组成的耦合体，因此企业在谋求自身利益的同时，也要承担起对不同利益相关者的社会责任。这些利益相关者不仅仅包括企业员工、企业管理者、企业所有者，还包括政府、消费者、广大社会媒体和企业所在社区等。企业在做决策尤其是安全决策时理应不仅仅考虑企业自身的利益需求，对其他相关利益者的利益也应予以同样的尊重。因此，企业的发展必须考虑各种利益关系的参与，而不能只强调一种利益忽视其他利益。

9.1 企业安全经济活动的内部参与者分析

9.1.1 安全经济活动中的企业所有者

企业所有者又可分为国有企业所有者和私营企业所有者两类。根据《中华人民共和国企业国有资产法》的规定，国有企业及其财产属于国家所有即全民所有。国务院代表国家行使国有资产所有权。国务院和地方人民政府依照法律、行政法规的规定，分别代表国家对国家出资企业履行出资人职责，享有出资人权益。私营企业的所有者很显然是拥有企业和财产权的人，是企业的出资人。

在安全经济活动中，企业所有者有责任和义务提高企业安全生产水平，监督企业安全生产状况。安全生产所带来的收益和不安全生产行为导致事故发生的损失一部分由企业员工承担，另一部分则由企业所有者承担。

9.1.2 安全经济活动中的企业管理者

企业法人是安全生产活动的第一责任人。管理者，尤其是高级管理者，在安全健康管理中。大多数安全健康专家认为，安全的责任应该从上到下，对安全的承诺应该从最高层的领导者开始。因而承担领导责任“安全问题，要正职抓，抓正职”。

企业管理者应该有安全健康意识，有责任向员工灌输安全意识，让员工掌握或了解安全生产中的应知应会，在进行危险源系统辨识的基础上，进行安全投资，组织员工预防事故和职业病，以保障企业安全生产。企业的安全生产职责主要包括：制定保证员工生命和健康、防范事故灾害风险的工作制度，确保职工安全；保证厂房、设施、环境、机器和设备的安全性；注重安全监督检查，确保人机互动中的系统安全。

美国杜邦公司的事故率比全美国的化学工业的事故率低得多，年事故率只是美国平均水平的 1/23。杜邦之所以有这么优异的安全记录，在很大程度上要归功于管理层对于安全健康问题的重视。每天早晨是杜邦管理层研究当天工作的时间，研究的第一件事就是前一天的事故情况和安全隐患存在情况，直到安全隐患有了具体的应对措施之后才会讨论生产成本、质量等问题。杜邦公司的成功经验说明，企业的管理者，尤其是高层管理者在安全健康问题的管理中起到至关重要的作用，企业在安全健康上的投资是能够得到回报的。

然而，企业管理者很多时候并不是企业所有者，他们同样需要实现自身的利益。与企业所有者相比，管理者往往更关注公司的短期利益，当企业采用短期薪酬激励方式时，企业管理者的机会主义与权宜之计会表现得更明显一些。因此，企业的所有者和企业的管理者有必要进行顺畅的沟通，共享信息，增加双方的互信度，着眼于企业长期的利益，使得企业能够在安全生产的前提下实现利润的最大化。

9.1.3 安全经济活动中的企业员工

在企业的经济活动中，员工，尤其是一线的员工，往往既是事故的引发者，又是事故职业危害的受害者，同时也是事故和职业危害预防的主力军。员工参与安全健康管理和危险源风险分析是十分重要的。对员工安全健康问题的关注始于 20 世纪 20 年代的高风险采矿业，然后发展到了其他工业部门，从对这方面的讨论一直到逐渐变成了具有强制性的法律。目前，世界上大多数国家的职业安全健康法律在不同程度上确定了员工与管理层在安全健康管理中进行合作的政策体系。员工的参与性之所以十分重要，是因为他们在其工作时间有权利要求获得安全保障。要求提高安全性是员工的一项基本需求，是实现工作场所以人为本的一个重要举措。工作环境和工作设备的安全性对保障安全生产相当重要，员工必须按照安全规范方法、安全作业规程、安全操作规程进行操作，以避免事故的发生。此外，要有合理的机制，使员工人人参与安全生产管理。例如，员工依法有权拒绝违章指挥，有权停止不安全条件下的作业，从不安全地点撤离等。

员工承担着对本企业的安全生产管理行为监督的责任。因为企业员工不仅是企业安全生产活动的从事者，同时还是企业安全生产情况的最大知情者。充分发挥企业员工的监督之责，有利于政府安监部门发现企业存在的安全生产问题，促进企业改善安全生产状况和改进安全生产管理行为。然而在高危行业从事生产作业的一线企业员工往往受教育的程度不高、流动性大、素质参差不齐、专业知识缺乏、安全生产意识淡薄、自我保护意识差，缺乏必要的安全生产知识，因此很难对安全生产现场的情况实施有效的“员工监督”。就安全生产监督而言，企业员工本身就处于弱势。作为企业的一名员工，他们首先要满足自身的生存需要，如果举报企业的不安全生产行为可能会面临失业，他们自然就不能将安全需要放在首位。因此，只有通过强制性地、持续地对企业员工进行安全知识培训，通过在高危行业加强工会组织建设，才能打破“无法监督”和“不敢监督”的局面，真正使基层员工监督发挥作用，建立起企业内部的安全生产管理体制。

9.1.4 企业管理者与企业员工的安全经济合作关系

创造安全健康的工作环境，需要企业、员工和政府监管部门的共同努力。工作场所安全健康环境的建设是一个双向的过程。首先，企业必须认真理解、执行安全健康相关法规标准；其次，员工一方面必须规范操作，执行安全规程和条例，遵守劳动纪律，另一方面对企业安全生产运作依法享有监督权。同时，政府监管部门要加强依法监督检查。

有证据表明：随着现代工业的发展，劳动环境对生产力的影响越来越大。所以，企业必须采取措施来改善劳动环境，一是保障员工生命安全和健康，二是达到提高企业效益的目的。

企业和员工互相依存。没有员工就没有企业；同样，没有企业也无所谓员工。从安全经济关系的视角来看，现实中企业的员工处于弱势，处于服从的地位，意见和声音往往被忽视，而企业作为强势方，处在决策、发号施令的地位，其意志和指令往往由于众多因素的影响，一般员工不得不执行。因此，各级政府应当当好公正的裁判，落实安全生产法律法规，依法加强安全监督检查，保障安全生产，保护广大企业员工。

9.2 企业安全经济活动直接利益相关者的关系分析

9.2.1 股东与企业安全经济的关系

股东是指对股份公司债务负有限或无限责任，并凭持有股票享受股息和红利的个人或单位。在市场经济条件下，企业与股东的关系事实上是企业与投资者的关系，这是企业内部关系中最主要的内容。随着市场经济的发展、人们生活水平的提高，投资的方式越来越多元化。人们投资的方式由原来的单一货币投资转向股票、债券、基金和保险，投资股票直接成为企业的股东，投资各种债券、基金和保险成为间接的股东。在现代社会，股东的队伍越来越庞大，遍布社会的各个职业和领域，上市公司与股东的关系渐渐演变为企业与社会的关系，企业对股东的责任也具有了社会性。企业要对股东的资金安全和收益负主要责任。投资人把自己的积蓄托付给企业，希望通过企业的投资获得丰厚的回报，企业应当满足股东这种基本的期望，企业所从事的任何投资必须以能给股东带来利润为基本前提。企业有责任向股东提供真实的经营和投资方面的信息，企业向股东提供信息的渠道主要有财务报表、公司年会等。由此，投资人可以了解到公司的经营品种、经营业绩、市盈率、资产收益率、资产负债率等情况。企业必须保证公布的信息是真实可靠的，任何瞒报、谎报企业信息，欺骗股东的行为都是不道德的，企业对此要负道德和法律的双重责任。

股东可根据企业的经营情况选择是否继续持有企业的股票，对于不能保证安全生产从而获得可持续经营的企业，或是事故频发、社会形象较差的企业，股东，尤其是大股东首先可以选择干涉企业安全生产的经营方针，促使企业管理者进行必要的安全投入，以保障企业的可持续运营；其次，股东可选择“用脚投票”，即撤资或抛售该公司的股票。

9.2.2 员工与企业安全经济的关系

联合国《世界人权宣言》第三条指出：人人有权享有生命、自由和人身安全。企业的天职是追求利润，但是企业对利润的追求不能以牺牲员工、消费者的安全和环境为代价。对一个企业而言，人是企业之本，不能吸引、留住高素质、高水平的人才以及最大限度地发挥他们的积极性、主动性、创造性和内在潜力，企业是不可能成功的。随着信息技术和知识经济成为21世纪的主旋律，人的管理已经成为现代企业管理的重要方面。

企业与员工之间最基本的关系是建立在契约基础上的经济关系，除此之外还有一定的法律关系和道德关系。经济关系简而言之就是劳动和雇佣的关系，法律关系是对经济关系的法律规定，道德关系是在肯定经济和法律关系的前提下，揭示企业对员工之间还有相互尊重、相互信任的关系，企业对员工的发展和完善也负有一定的责任。企业对员工的基本经济责任和法律责任是企业必须履行的伦理底线，企业在这方面对员工的责任有：保证员工的就业择业权、劳动保持权、休息休假权、安全卫生权、保险福利权和教育培训权等。企业在这方面违背或忽视了员工的权利，就是不负社会责任，应当受到法律和道德的双重制裁。为员工提供安全和健康的工作环境是企业的首要责任。员工为企业工作是为了获得报酬维持自身的生存和发展，但企业不应因为为员工提供工作而忽视员工的生命与健康。很多工作对员工的身体健康有伤害，如化工、采矿和深海作业。对于工作本身固有的伤害，企业必须严格执行劳动保护的有关规定。另外，工作环境的安排也必须符合安全健康标准，工人不得在阴暗潮湿的环境下长期作业，工作场所需要通风透气、降温等，这些都是安全健康的工作环境的基本标准。

9.2.3 政府与企业安全经济的关系

企业安全生产的外部性问题，安全具有的公共物品性质，安全生产的信息不对称，安全生产条件、参与者等的不平等问题依靠市场经济体制本身无法解决，因此，确保企业安全生产不能完全依赖企业自律和内部管理。企业实现安全生产必然在政府的监督、控制之下完成，政府管制机构通过制定和执行安全生产的法律法规，对企业的安全生产行为进行监督、检查和处理，以保证生产经营过程中员工人身安全和国家财产安全。

政府对企业的安全生产管制的手段主要有法律手段、行政手段和经济手段。

1. 法律手段

法律手段是指政府安全生产管制机构对于违反安全生产法律法规、触犯《中华人民共和国刑法》的行为，用司法处罚的手段，采用拘役、有期徒刑等方式来保障安全生产。安全生产管制的法律按法律地位和效力不同分为：宪法、国家有关安全生产方面的法律法规、地方性安全生产法规、部门安全生产规章、地方政府安全生产规章和安全生产标准。法律手段具有权威性、强制性、严肃性、规范性、稳定性的特点。

2. 行政手段

行政手段是指政府安全生产管制机构根据法律赋予的行政权力，通过制定和实施各种行政命令、处罚、规定、许可证等方式，对被管制者的指定行为和营业活动进行禁止或限制，以达到管制目的。行政手段的具体形式有：国家垄断、许可（如采矿许可证）、申报、特许、核准、注册、批准、审核、检查、备案、检定等。安全生产管制则以标准设立为主要方式。与上述方法相配套，行政机关还辅以行政检查、行政处罚、行政强制执行及行政指导等措施。行政手段具有权威性、强制性和见效快的特点。

3. 经济手段

经济手段是政府安全生产管制的基本手段之一，具体形式有企业安全费用提取、企业对伤亡事故的经济赔偿、企业安全生产风险抵押三项经济政策。强化安全生产工作，应当按照市场经济规律的要求，多采取经济手段。例如，所有的企业都必须参加工伤保险，为其职工缴纳保险费；对发生责任事故的企业，要加大处罚力度；在安全生产的投入上要明确企业主的责任，在安全生产的保障培训上要明确生产者的权利。经济手段具有间接性、有偿性、灵活性的特点。

9.3 企业安全经济活动间接利益相关者的关系分析

9.3.1 消费者与企业安全经济的关系

在市场经济条件下，任何企业的生产经营活动都必须直接或间接地围绕消费者进行，以消费者作为营销活动的出发点或终极目的，通过提供满意的产品及全方位的服务来满足消费者物质及精神生活的需求和欲望，从而赢得更多的市场份额，创造独具特色的竞争优势。公司因承担社会责任而提高公司美誉，良好的口碑将使消费者更加信赖该公司，而更有意愿购买其产品。这将扩大公司产品市场占有率，增强其市场竞争力。

企业营运的健康是企业声誉的基石，而企业声誉在现代社会中可以看作企业生命的化身(交易自诞生以来就一直依靠信用机制维持)。消费者对产品的认可程度与购买行为的形成对企业的发展及市场的扩大产生直接的影响。消费者的消费倾向与消费时代直接相关。在当今时代，企业声誉甚至可以直接影响到消费者的购买决策。大众传媒对企业越来越关注，公众和社会舆论的压力要求媒体对企业的报道越来越透明。消费者决定购买与否时也不仅仅是依靠产品的价格、功能、质量等传统参数来进行产品选择，产品在何时何地以何种方式生产、生产该产品的企业声誉如何等都成为影响消费者购买决策的因素。当企业的管理者们把主要的精力放在关注企业利润时，企业利润的主要来源——消费者，已经把更多的注意力放在环境、社会、职业安全健康、企业行为的伦理道德性等问题上。消费者观念的转变将极大地影响企业的行为。这些消费者在进行消费时，对于具有良好声誉的企业的产品表现出较高的积极性，对于不良声誉企业的产品持消极态度。

9.3.2 竞争者企业与企业安全经济的关系

竞争是市场经济的基本特征。企业在目标市场进行营销活动的过程中，不可避免地会遇到竞争者的挑战。竞争者的营销战略及营销活动的变化，会直接影响企业的营销业绩。企业生存和发展的关键之一在于与竞争者相比是否具有竞争优势。同时，企业也必须辨识自身的竞争优势是暂时的还是持续的。如果与竞争者相比，企业的竞争优势是暂时的、阶段性的，那么不久后，这种优势将消失。如果与竞争者相比，企业的竞争优势是持久的，那么在以后的很长时间里这种优势依然具有。企业的暂时竞争优势只能保证企业在短期内获得高于竞争者的投资收益率；而企业的持续竞争优势将保证企业在未来很长一段时间内，持续获取高于竞争者的投资收益率，这也是企业投资人创立企业的初衷。因此，企业构建竞争优势就是要构建持续竞争优势。从短期来看，安全生产事故的发生具有偶然性，如果发生事故，安全投入可能会造成企业短期经营成本的上升，企业经济效益的下降；从长期来看，如果没有必要的安全投入，事故发生是必然的，事故造成的经济损失将是巨大的，其影响是长远的、广泛的，事故对企业的经济效益乃至企业的生存将产生严重的影响。企业的安全生产可以说是企业可持续经营、发展的基础，是企业构建持续竞争优势的必要组成部分。

9.3.3 行业协会与企业安全经济的关系

行业协会或产业协会是由个人、团体或个人与团体的混合型会员组成的，以保护和增进其内部全体成员既定利益为目标的非营利团体。

行业协会在行业自治系统内部是治理主体，在行业自治系统外部是政府和其他公共治理主体的平等合作伙伴。作为行业自治系统内部的治理主体，行业协会为了实现行业整体利益的最大化，积极促进各会员企业进行良好的沟通以缓解彼此之间的利益冲突，规范会员企业的行为以避免其损害行业的整体利益，根据会员企业的各种需求提供个性化的服务以促进行业的整体发展。作为政府和其他公共治理的合作伙伴，行业协会积极地对外界反应和谋求本行业的最大利益，并与其他公共治理主体相互配合共同治理公共事务。在此过程中，行业协会所具备的主要功能可以概括为沟通功能、维权功能、规范功能。

行业协会作为连接企业和政府的桥梁，可以凭借其专业优势直接深入到行业内部，从专业的角度对企业的安全生产进行指导、监督和约束。有了行业协会到位的监督后，企业的安全生产将会受到严格的监控，“只要效益、不要安全”的企业将受到指责、处罚或被收录到“黑名单”。通过对企业的这种严密监督，行业协会也会在很大程度上促使企业更加重视安全、加大安全投入，从而保障企业安全生产工作的顺利开展。

9.3.4 社区与企业安全经济的关系

从地域性的角度出发，社区就是家居住在一定地域中人群的生活共同体。具体来说，社区是在一定地域内发生各种社会关系和社会活动，有特定的生活方式，并具有成员归属感的人群所组成的一个相对独立的社会实体。但是，社区这种实体在地域内的界限，绝不像国境线那样分明，社区的外沿是根据该社区的政治、经济、文化诸因素对周围地区的影响自然形成的，并且社区还存在一种包含关系，一个省可以作为一个社区，一个市也可以作为一个社区，市这个社区里面又可以包含若干较小的社区，若干较小的社区可能包含着许多更小的社区。

在社区发展过程中，政府组织、企业组织、各种营利和非营利组织都以各种方式参与社区建设，对社区的发展起到促进作用。

企业与社区之间是一种相互交叉的你中有我、我中有你的关系，两者相互影响，不可分离。企业与社区建立和谐的关系对企业的生存发展和社区的进步繁荣具有重要意义。企业的安全生产带给社区祥和安定，反之，企业发生事故，将破坏社区的和谐，甚至波及周围社区的安全与环境。例如，印度博帕尔农药厂毒气泄漏事故与苏联切尔诺贝利核电站爆炸事故均对当地社区造成了很大破坏。世界著名的管理大师孔茨（Koontz）和韦里克（Weihrich）在《管理学》一书中揭示了企业与社区的关系，那就是，企业必须同其所在的社会环境进行联系，对社会环境的变化做出相应的反应，成为社区建设的积极参与者。企业与社区之间相互促进，共同发展。企业存在于一定的社区内，社区内的人员素质、文化传统对企业的员工素质和价值观有一定的影响，良好的社区环境和高素质的人群是企业发展的有利条件。企业积极主动地参与社区的建设活动，可以利用自身的产品优势和技术优势扶持社区的文化教育事业，吸收社区的人员就业，救助无家可归人员，帮助失学儿童等，不仅能为社区建设做出贡献，而且能为企业的发展打下良好基础。企业为社区建设所做的努力，会变成无形资产对企业的经营发展起到不可估量的作用。例如，企业积极支持社区的文化教育事业，提高了企业未来员工的素质；企业为消费者服务的宣传活动，拉近了企业与消费者之间的距离，可能产生大量的回头客；企业热心于环保和公益事业，可以营造良好的企业形象。总之，企业积极承担社区责任，扩大企业知名度，提高企业声誉，所有这一切都会作为企业的无形资产为企业带来巨大的效益。企业通过社区架起同社会相连的桥梁，企业为社区所做的一切有益的工作都会对社会产生重大影响。企业积极参与社区活动履行了企业“社会公民”的职责，为社会的和谐、进步和发展贡献了力量。

9.3.5 媒体与企业安全经济的关系

随着经济的发展、社会的文明进步，媒体对企业的监督作用越来越引起政府、公众和企业的重视。企业做得好，通过媒体报道后，对企业来说是一种正面宣传，将产生良好的广告效应；企业如果做得不好，例如发生恶性生产事故被媒体曝光后，就会名誉扫地，可能从此一蹶不振，因此可以说，媒体是一把“双刃剑”。企业既惧怕媒体又想利用媒体，在这种情况下，企业就会不断改进自身的不足，努力加大生产过程中的安全投入，降低事故的发生频率，千方百计营造一个良好的企业形象。

企业发生事故后，通过媒体企业可以及时有效地与社会公众沟通，表明整改决心、制定整改措施、承诺今后的安全生产，这将会为企业的“东山再起”挽回败局，树立良好形象，奠定良好基础。

企业要生存和发展除了要保障安全生产，必须处理好企业与上述八个利益相关者之间的关系，只有做到这些，企业才能安全、顺利地进行生产，才能健康、良性地发展。同时，这八个相关利益关系除了对企业的发展具有约束和制约的作用，也通过迫使企业发展安全生产、加大安全投入的方式，间接地帮助企业提高安全生产水平，树立良好的企业形象，从而维护企业的经济利益，促进企业的繁荣和发展。

延伸阅读

昆山粉尘爆炸事故

2014 年 8 月 2 日 7 时 34 分，位于江苏省苏州市昆山市昆山经济技术开发区的昆山中荣金属制品有限公司抛光二车间发生特别重大铝粉尘爆炸事故，当天造成 75 人死亡、185 人受伤。依照《生产安全事故报告和调查处理条例》规定的事故发生后 30 日报告期，共有 97 人死亡、163 人受伤（事故报告期后，经全力抢救医治无效陆续死亡 49 人，还有 95 名伤员在医院治疗，病情基本稳定），直接经济损失达 3.51 亿元。

事故发生后，中共中央总书记、国家主席、中央军委主席习近平立即做出重要指示，要求江苏省和有关方面全力做好伤员救治，做好遇难者亲属的安抚工作；查明事故原因，追究责任人责任，汲取血的教训，强化安全生产责任制。要切实消除各种易燃易爆隐患，切实保障人民群众生命财产安全。江苏省委书记罗志军、省长李学勇做出批示，要求省市县迅速行动起来，千方百计救治伤员，抢救生命。中共中央政治局常委、国务院总理李克强做出批示，要求全力组织力量对现场进行深入搜救，千方百计救治受伤人员，抓紧排查隐患，防止发生次生事故，强化安全生产措施，坚决遏制此类事故再度发生。

伤者分两批送往医院，一批送往无锡，另一批送往苏州。苏州交警发布绕行线路，请当地市民尽量让出救援通道；遇有救护车行驶的车道请避让；在医院的市民不要围观拍照，给救援节约时间。截至 2014 年 8 月 5 日，昆山献血人数达 2536 人，预约登记献血人数达 3850 人，预约登记单位数达 45 家。

最高人民检察院也派员赶赴昆山中荣金属制品有限公司爆炸事故现场，与江苏省检察院、苏州市检察院、昆山市检察院三级检察机关一起勘查事故现场，分析研究检察机关介入事故调查的方案和措施，协助政府部门做好事故抢险救援和应急处置工作。

2014 年 8 月 4 日由事故调查组确定，昆山这起爆炸是一起重大责任事故，原因是粉尘浓度超标，遇到火源发生爆炸，责任主体是中荣金属制品有限公司，主要责任人是企业董事长吴基滔等。发生如此严重的爆炸事故，企业责任重大。然而安全生产不能仅靠企业“自觉”，必须重视并建立长期有效的安全监管机制，让企业生产始终处于政府职能部门的监管之下。

作为生产经营主体，企业本身具有逐利性，为了追求利润最大化，很可能减少对安全生产资金和设施的投入。监管部门在任何时候都不能放松，规范企业经营，及时发现企业的违法生产行为并对其进行约束和处罚，才能从源头上降低事故发生的概率，保证劳动者的人身和财产安全。相比于追责，建立有效的监管体系才是防范安全隐患的关键。昆山粉尘爆炸事故实际上是敲响了警钟——在多部门综合管理的情境下，相关职能部门应理顺权责关系，做到权责明确，一旦出了问题，可追查到部门以及具体责任人，以此倒逼监管部门把监管工作落到实处。

本章小结

企业的本质是各个利益相关者组成的耦合体，因此企业在合法经营、获取利润的同时，要必须承担相应的社会责任，处理与利益相关者的关系。本节运用一般经济学和安全经济分析的方法，分析了企业内部管理者与企业员工之间的关系；企业外部与股东、政府、消费者、竞争者、行业协会、社区以及媒体的关系。企业要合法正常生产经营，就必须处理好各个方面的关系，而保障安全生产是处理好企业与其他利益相关者关系的前提。

思考与练习

1. 企业安全经济活动过程中涉及哪几类主体？各有何特征？
2. 政府对企业的安全生产管制有哪些手段？
3. 行业协会对于企业的安全经济活动起到什么样的规制作用？
4. 社区如何在促进企业安全生产的进程中发挥作用？
5. 消费者如何间接地影响企业的安全生产决策？
6. 企业员工对于安全的诉求是否影响企业的安全投入行为？
7. 如何理解媒体在企业的安全经济活动中起到了“双刃剑”的作用？
8. 为什么说企业管理者有忽视安全投入的动机？企业所有者应该采取何种措施规避这种动机？
9. 地方政府和中央政府在企业安全经济活动中的作用是否相同？如果不同请分析深层次原因。

第10章 安全生产管制的经济学分析

本章学习目的

掌握安全生产管制的概念、分类
了解安全生产管制的成本收益分析
了解安全生产的经济激励与约束手段

0.1 安全生产管制概述

10.1.1 管制及其分类

管制是指根据一定的规则对特定社会的个人或构成特定经济关系的经济主体的活动进行限制的行为。

从管制的主体来看，进行管制的主体有私人和社会公共结构两种形式。由私人进行的管制，例如父母对子女行动的管制，被称为私人管制；由社会公共机构进行的管制，如司法机关、行政机关以及立法机关对私人及经济主体进行的管制，被称为政府管制。

从方式上划分，政府管制可以分为直接管制和间接管制。间接管制是指反垄断管制，它是由司法部门实施的，为了防止不公正的竞争所制定法律法规中的对垄断行为、不公平竞争及不公平交易行为的政府管制。反垄断管制具有相对的独立性，它的目的是保护社会公平竞争，维护市场竞争机制的正常运行。

直接管制是指政府部门直接实施的干预，根据管制所依据的市场失灵的类型和管制所要达到的主要目的的不同，它又分为经济性管制和社会性管制。经济性管制是指对特定产业的价格、市场进入、投资和服务标准等方面的管制。它是政府对某个特定产业的纵向制约。日本学者植草益认为，经济性管制是指在存在着自然和信息偏在（不对称）问题的部门，为防止无效率的资源配置的发生和确保需要者的公平利用，政府通过许可等手段，对企业的进入、退出、价格、服务的质量以及投资、财务、会计等方面的活动所进行的管制。社会性管制是指以纠正在众多产业中同时存在的某类特定市场失灵问题为目的的管制，它是近30年随着经济的发展和人们对生活质量要求的不断提高而快速发展起来的。其管制的领域主要有三大类：安全管制、健康管制、环境管制。社会性管制的特点是涉及面广，它是政府对存在同样问题的众多产业的横向制约。也就是说社会性管制并不针对某一特定的产业，而是针对所有可能产生外部不经济或信息不完全的企业行为。任何一个产业内任何企业的行为如果对于社会或个人的健康、安全造成损害，都要受到相应的政府管制，这是它与经济性管制的一大差别。社会性管制与经济性管制既有区别又有联系，如果把管制对象分为经济性活动和非经济性（社会性）活动，把管制手段大致分为经济性手段和社会性手段，则对经济性活动进行的管制就是经济性管制，对非经济性活动进行的管制就是社会性管制。这种划分与运用什么样的管制手段并无直接联系，管制经济学就是研究政府管制问题的经济学，不必区分管制活动是经济性活动还是社会性活动，更不必区分管制手段是经济性手段还是社会性手段。因此，这里按照这种理论对安全生产管制进行界定，如图10-1所示。

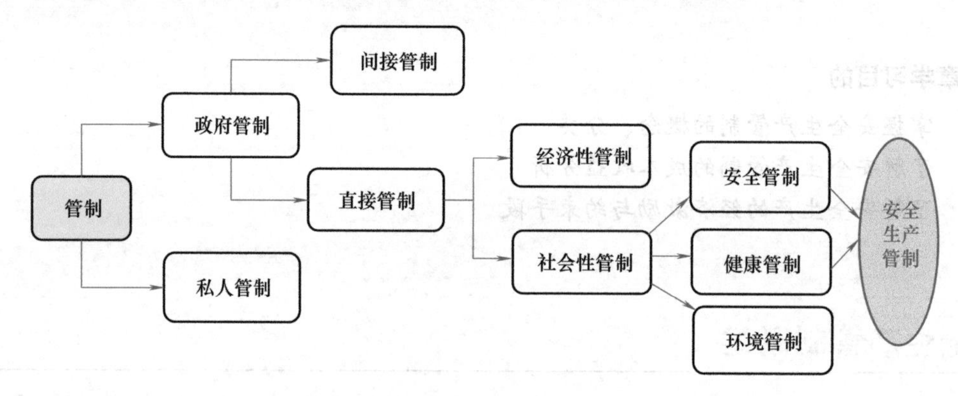

图10-1　安全生产管制的界定

10.1.2　安全生产管制的概念及发展历程

1. 安全生产管制的概念

安全生产管制是政府管制机构依据安全生产法律法规，通过制定规章、设定许可、监督检查、行政处罚和行政裁决等行政处理行为，针对工作场所安全、环境安全、特种设备安全、核安全等方面，对微观经济个体的涉及安全的生产行为进行监督、检查和处理，以保证生产经营活动中劳动者的人身安全的政府管制。

安全生产管制是重要的社会性管制之一，伴随经济社会的发展、经济性管制可能对效率损害的凸现以及人们对其认识的深化，政府管制的重点正从经济性管制向社会性管制转变。国外经济学家和政策制定者称产品质量、工作场所安全和环境管制的复合物为“社会的”或“新潮的”管制，并经常把它视为一个独立的系统。

从安全生产管制的定义可以看出：

1）安全生产管制的主体是政府行政机关，这些行政机关通过安全生产法律法规或其他形式被授予管制权，是安全生产的管制者。

2）安全生产管制的客体是在生产经营过程中涉及劳动者人身安全的经济主体，即被管制者。

3）安全生产管制的内容包括安全生产管制的立法和安全管制的执法。其中，安全生产管制立法是安全生产管制执法的基础和依据，而安全生产管制执法是安全生产管制立法的执行和保证。

2. 安全生产管制的发展历程

安全生产管制作为一种社会性管制的形式是在20世纪70年代开始在西方国家出现的，当时美国出现了大量社会性管制的机构，美国环境保护署（EPA）、联邦公路运输安全委员会（NHTSA）、消费品安全委员会（CPSC）、职业安全与健康委员会（OSHA）和核能管制委员会（NRC）。在这一时期，政府管制已经开始把注意力集中在社会性管制上来，以人的安全、健康、平等、经济秩序、环境污染、生态平衡为监管的主要内容，以提高整个社会的总福利。20世纪80年代以来，在西方国家管制中社会性管制所占的比重越来越大。1995年之后，在全球化和经济一体化的大背景下，美国社会性管制进入了一个全新的发展时期，呈现出一些新的特点和趋势：

1）社会性管制改革进一步深化，以政府绩效为核心的新管制模式基本成型，美国真正建立起了以成本收益分析为标准的管制法规制定程序与依靠对成本收益分析评估来检验管制绩效相结合的新的市场化管制新模式。

2）社会性管制法规体系更加严密，管制力度日益加强。20世纪90年代中期以后，美国政府更加重视环保、健康及安全等问题，并通过以下三个途径进一步加大了社会性管制力度。第一，完善管制法规和标准体系，弥补管制漏洞。美国采取新增或修订原有法规的办法，对本国社会性管制法规体系进行完善，并配以更为严格、细致的技术标准作为重要执法依据，建立起有关检验、检疫、认证、注册、评估、许可等各个环节的标准体系，力图最大限度地提高社会性管制的严密性。第二，调整管制机构职能，适时进行机构重组。在管制改革的过程中，美国社会性管制机构内部组成单位一直在不断调整中，依据管制需要成立了许多新的内设机构和单位。第三，管制环节前移，提高主动预防能力。

3）命令控制方法和激励性方法相互补充，市场化管制工具运用增多。我国的安全生产管制立法基本上是从20世纪80年代开始的，当然，并不是说在这之前就不存在社会性管制，只是其力度和广度远非80年代可比。20世纪90年代安全生产管制立法开始得到加强。随着计划经济向市场经济转轨日见成效，我国的国民经济得到快速发展，生产力极大提高，物质极大丰富。但是，在经济快速发展、人民生活水平不断提高的同时，外部性及其他社会性问题也逐渐凸显出来，如重特大事故、职业病等。正是在这种背景下，国家不断加强和完善安全生产管制制度。

10.1.3 安全生产管制的理论依据

安全生产管制是一种社会性管制，其理论依据来源于市场机制的缺陷。如果市场机制运行充分有效，那么就不需要政府进行安全生产管制，但市场运行的分散性必定会带来一定的风险水平，导致市场功能的失效，从而需要政府提供安全管制。安全生产管制的理论依据一般源于以下几点。

1. 内部性理论与安全生产管制

政府进行安全生产管制，就是因为安全生产问题具有内部性，从而导致的市场失灵。

按其作用效果不同，内部性可分为正内部性（内部经济）和负内部性（内部不经济）。

正内部性是交易一方的行为给另一方带来效益。

按其产生动机差异，内部性可分为有意识内部性和无意识内部性。有意识内部性是交易一方在明确了解自己的行为会给对方带来效益或成本时，采取行为而产生的内部性（从一般意义上来说，有意识内部性常常会给对方带来负内部性，因为如果带来的是正内部性，作为理性经济人，他必然会将这一溢出体现在合约中）。

由于现实世界具有高度不确定性，面对变化多端的情况，获取全面信息的难度更大，为此支付的交易成本就更大。因此，在每一桩交易中都存在一定的财富外溢进入公共领域，客观存在攫取财富的机会。理性经济人必然会花费资源去攫取它。在这种情况下，谁拥有信息优势，谁便会优先进入公共领域去攫取尽可能多的潜在收益或规避尽可能多的成本。

由此可见，交易成本或信息不完全可能导致交易参与方不能完全分配交易所产生的净利益，此净利益的不完全分配即某种内部性，具体考察其产生原因，可归结为以下几方面：

（1）**信息不对称**

若交易双方在信息占有上不对等或不完全，具有信息优势的一方为了实现自身效用最大化，必然会过度攫取交易的潜在收益，直到其追逐的成本与收益相等为止。由于拥有信息意味着拥有权利，这种权利即便不会使自己的境况变好，也绝对不会使对方的境况变好。因此，为了获得某种优先权利，即使在可以实现完全信息的竞争性市场中，理性的交易双方都倾向于避免暴露自身的信息，他们会以有选择的和扭曲的方式披露信息，以保持谈判优势。

这种由不完全信息造成的内部性突出表现在劳动力市场上：一方面，在企业雇用外来人员管理资源时，由于雇员对自身的能力、职业道德等信息有完备的了解，而雇主对此却缺乏足够的信息，因此，雇员可以利用信息优势侵犯雇主的利益，使雇主对外部人员管理资源心存疑虑，特别是对一些比较危险的工作，雇主要求掌握一定技能的员工才能胜任，如果雇工倾向于夸大自己的技能，而企业又未对其进行相应的培训，就可能引发一定的安全事故，事实证明，由于雇工的不熟练操作和违规操作造成的事故占据一定的比例。另一方面，雇主相对于雇员来讲，拥有关于作业场所状况、事故可能性以及所带来的健康后果的信息优势，雇主便可以利用这一优势攫取交易的潜在利益。如果信息是完全的，雇员作为理性经济人会更加偏好生命而选择放弃交易。当雇员缺乏信息、低估风险时，劳动力的供给水平就会大于经济上有效的合理水平。因此，市场中的个人和组织通常缺乏提供这种信息的动力，将导致有效供给不足，从而使市场均衡无法实现。

（2）**道德风险**

道德风险一般是指是由于观察合约参与者行为所发生的观察或监督成本太高而致使其行为不能被直接观察到时，交易者“就不会服从于谈判并不愿按合同条款进行合作”，它是交易合约达成后出现的一种现象。

在安全生产中，工人们由于享受工伤保险及商业保险后，可能就会放松对不安全因素的警惕，甚至在无人监督时危险工作或者违规操作，从而导致事故的发生，这就形成了安全生产的负内部性。而作为企业来讲，在给员工购买工伤保险、给企业自身购买意外保险后，就有可能产生依赖心理，忽视对安全的投入，甚至有意识地减少了防范措施，从而提高了风险发生的概率。在采取预防行动时，防范水平的不可观察性预示着工人和他们的雇主将不能通过他们之间的私人合同交易获得所有潜在收益。当因防止不可观察事故付出的努力影响了产品质量和工作场所安全时，内部性就产生了。

（3）**事故发生的意外性**

安全事故是以一定的概率发生的，而不是必然发生的。由于不确定性的存在，要详尽说明每种可能性，成本是非常高的。订立长期合同在某种程度上可以避免这种成本（Coase，1960），长期合同是一种不完全合同，麦克尼尔（MacNeil，1978）认为，“长期合同的两个共同特征是，在他们的计划中存在缺口；出现了一系列的过程和技术，合同计划者利用这些过程和技术来创造灵活性，以避免留有缺口或做出僵化的计划”。

订立合同时，常会花费一定的成本来确定执行合同过程中对意外事件处理的条款。为避免这部分成本，拥有信息优势的一方在订立合约时，会有意将合约订立为隐性合同，避免或减少涉及意外事件的条款，当意外事件发生，具有信息优势的一方便会利用契约不完全性来规避责任。

2. 外部性理论与安全生产管制

外部性是一个经济学概念，由马歇尔（Marshall）和庇古（Pigou）在 20 世纪初提出。所谓“外部性”，是一个包括外在成本和外在收益的概念，是指从事一项经济活动的私人成本与社会成本，或私人收益与社会收益不一致的现象。在现实的经济活动中，经济活动主体所产生的外部性是普遍存在的，并且往往不受产业边界的限制，具有广泛存在的特性。那么就意味着即使社会处在完全竞争模型下，但由于存在着外部性，某一经济活动对外部所造成的有害或有益的影响，市场价格也不能反映出来，那么价格扭曲、信息传递失真，会造成具有负外部性的产品生产过多而具有正外部性的产品生产不足的状况，即市场价格调节机制失灵，使社会资源帕累托最优配置的理想状况难以实现，同时也会对社会发展及社会其他成员造成一定程度的伤害，因此有必要对其进行管制。

安全生产事故显然具有“负外部性”。首先，安全生产事故的发生对工人的家庭、亲友等共同体将造成严重的损害，这种损害不仅是经济上的——从事高危行业的工人大多是贫困家庭的主要劳动力，事故会给他们精神上造成难以弥补的创伤。其次，工人的伤亡将使大量的公共支出被投入到救援、医疗等领域，而这些非生产性支出通常并不能直接带来社会财富的增加。再次，厂商可以降低安全条件而获得暴利的现实将产生恶劣的典型示范作用，进而诱导其他厂商竞相效仿。最后，还有一个伦理问题，即人们对生命的价值与尊严的评价将可能因为重特大安全事故的频发而降低，导致社会价值观的腐蚀。

3. 风险理论与安全生产管制

工作场所安全规制所说的“安全”，是指人为系统或人造技术环境中，事故或死亡率低于自然环境下的程度。对于安全的度量，最基本的方法是对安全性的确定。实际工作中，安全性往往无法直接得到，因此，多采用安全性的补集即风险性来测定。风险性是由事故概率和事故严重程度来衡量的，事故概率指的是事故发生的频率或可能性，事故严重程度则是指事故的指标，如死亡人数、百万工时伤害率、安全生产达标率等。风险理论在安全管制中的应用主要体现在以下两个方面：

（1）**工人对待风险的行为特征分析**

工人对工作场所生命安全及健康的风险主观认识与客观存在的风险不同，主观感觉到的风险与工作场所中实际存在的安全风险也是不相等的。在实际中，工人往往倾向于低估一些发生概率较低的风险。此外，工人会根据他们所能够观察到的与工作有关的风险分布状况来计算预期后果，从事相对安全职业的人，一般会比那些从事较大风险职业的人更加反对风险；相反，倾向于接受高风险工作的人，更可能比那些避免追求这类风险的人更低估其所引起的风险。这些都显示出人们在判断风险时的非理性。工人对待风险的行为有以下两个特征：①工人关于风险知识的掌握程度不同，进行理性判断的能力不同。年轻的和无经验的工人更有可能面临事故。②工人在不同类型的风险市场上的反应都会根据补偿的主旨不同而发生变化。

（2）**企业对待风险的行为特征分析**

对企业来说，由于风险的不确定性，工人容易将所从事行业面临的风险视为“小概率事件”进而忽视其影响，在决策中处于非理性，当工人对生产中危险风险存在着非理性判断时，企业就可能不会出资改善工作环境，因此工人更加面临着安全与健康的风险。图 10-2 分析了工人在对安全风险存在理性判断时的企业安全水平。横轴表示工作场所的安全性，纵轴表示安全的收益与成本。工人和企业的安全边际收益随安全性的提高而逐渐下降，企业的安全边际成本随安全性的提高而逐渐增大，当安全的边际收益与安全的边际成本相等的时候，安全程度达到最佳水平 S^*。由工人偏好选择的安全价格将决定企业沿着边际成本曲线停在何处，市场决定的最佳安全性是 S^*，边际成本曲线下的部分（图 10-2 中表示为 AOS^*B 围成的区域）是企业所投入的总的安全费用。由于降低风险是有成本的，因此，不可能达到无风险的安全性。在所提供的安全性上，工人愿支付 V 的货币量来预防预期事故。这个点之上的额外安全是不会被提供的，因为对企业而言，为防止额外事故所付出的成本超过工人对防范措施的价值估计。

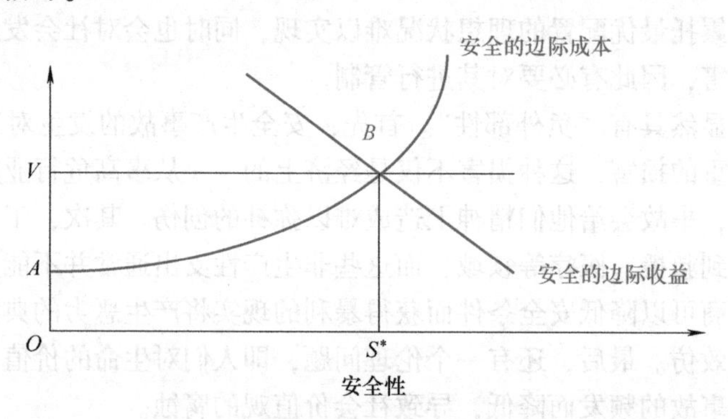

图 10-2　工人安全风险存在理性判断时的企业安全生产水平图

图 10-3 中分析了假设企业主在“理性”状态下，结合中国风险市场中具体的国情对风险的选择。横轴代表安全性，即企业面临安全风险的水平的状况，纵轴代表企业的安全成本，需求曲线 D 代表的是为工作危险而支付的当前成本下企业的安全需求。我国的需求曲线 D_2 低于发达国家（如美国、英国、日本等）的需求曲线 D_1。因此，企业的安全成本就降低到了 C_2，企业安全性降低到 Q_2。也就是说，在为工作危

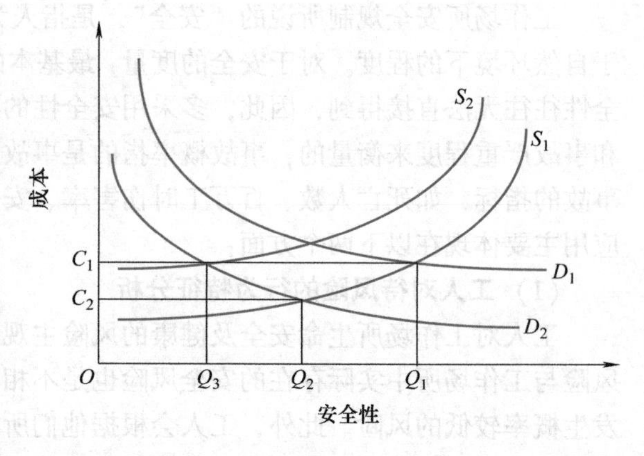

图 10-3　企业主在“理性”状态对风险的选择

险而支付的成本极低的情况下，企业主在利润最大化这一理性原则的指导下就会大大减少必要的安全措施。加上我国一些企业存在对员工价值低估的现象，一些企业主根本不在乎死亡赔偿金，这种行为反映到现实中来就是对生命的极度漠视。

由于我国对安全技术研究开发的力度不够，政府补贴不足，我国企业提高安全程度的成本将略高于发达国家提高安全程度的成本。这一情况使得我国企业的安全性进一步降低到 Q_3。这些原因导致我国一些企业主对风险的防范努力大大降低。

目前，我国安全生产形势仍然严峻，为了防范风险市场中出现的问题，政府有责任在这一领域发挥其职能，管制部门应该考虑制定标准提高企业安全供给水平，并运用国家的强制力量来规范企业行为，加强工人的职业培训，为就业人员提供相应的服务，提高工人获知风险、把握风险的能力，以弥补市场机制在风险市场中的不足。

10.2 安全生产管制的成本和收益

以盈利为目的的企业，从主观上看，如果没有政府的管制，会出现为了追求利益的最大化、忽视工人的安全的现象；从客观上看，在竞争激烈的市场环境中，企业也不愿意将资金投入到安全生产中。加强安全监管、企业进行安全生产对社会和谐而言是非常必要的。政府加大中小企业安全生产管制力度是政治、经济、社会各方面力量共同作用的结果，劳动力市场存在的信息不完全是政府实施安全生产管制的重要依据，但并不是充分必要条件。政府实施安全生产管制是政府向社会提供的公共物品，必定存在着成本和收益。只有政府的管制收益大于管制成本时，政府的管制才是有效的。

10.2.1 安全生产管制的政府成本

安全生产管制从某种程度上讲是管制机构的公共行政过程，这种管制体系主要是由管制主体、管制目标、管制对象、管制方式、管制监控等组成的一个有机整体。因此安全生产管制成本的测算比较复杂，主要从以下几个方面进行分析。

1. 安全生产管制立法成本

政府制定管制的法律法规或政策本身就是一个复杂的过程。为制定某项管制政策或法律，政府往往要成立一个专门的管制机构或立法委员会。管制机构为了能够行之有效地实施管制政策，必须收集、分析和加工有关管制对象的财会、计划、需求结构与动向以及技术等方面的详细数据资料，甚至需要调查消费者需求等数据或消费者意愿等相关情况，并需要在企业和相关政府部门之间进行协调。而且管制机构往往还需要通过咨询经济学、法学、政治学等学术领域的专家，以论证实施该项管制的必要性与可行性。不但如此，在法治国家，往往还有一套健全的立法程序。它需要进行广泛的调查研究工作，征求各方意见，然后起草制定政府管制法规，再以座谈会、论证会、听证会等多种形式征求公众的意见，显然这种调查成本也是相当可观的。由于一项管制可能会涉及政府的多个部门，在协调各部门的职能与利益的谈判中也可能要耗费许多成本。

2. 安全生产管制执法成本

政府管制执法成本主要是指政府进行管制中具体的运行成本，其直观表现为政府管制机构所发生的日常办公费用和管制机构职员的工资报酬。政府管制执法成本可能是管制过程中所占成本最大的部分，也是能比较直观进行估测的部分。政府司法部门对管制的监督过程还需耗费大量的成本，这是指政府司法部门还必须承担起监督管制者的责任及其成本，以及被管制者因管制而可能发生的违法行为。政府管制机构在管制立法与执法过程中，被管制者与管制者都可能发生合谋的行贿与受贿等腐败行为，为此，政府必然在司法部门增加因管制带来的反腐败成本，包括事前的防范成本，事中的监督、制约成本，以及事后的处理成本。

3. 安全生产管制的企业成本

安全生产政府管制不仅仅给政府带来巨大的管制成本，还给企业界增加了成本。当企业过于集中在经济利益上忽视安全生产时，它们往往为了获得（或为了获得更多的）的管制租金，会投入更多的资源用于非生产性活动，去争取对自身更有利的管制条件。比如去游说管制立法者与执法者，甚至是贿赂管制者。有时，被管制企业为了获取有利的管制条件，往往在生产成本、利润、质量等方面有意向管制者提供虚假信息，用以误导管制者。这部分属于额外成本，由于它们是用于分配性活动，即社会资源被用在非生产领域里，因而所带来的成本表面上是由企业来承担，而实际上企业往往会转嫁给消费者，最终是由整个社会来承担这部分成本。被管制企业还存在着一种间接的管制成本，这种间接管制成本主要是指由于管制时滞导致被管制企业产生的损失。

10.2.2 安全生产管制的收益

从国内外已有的文献来看，讨论政府管制的收益主要是从福利经济学和经济增长理论角度来衡量。

1. 从福利经济学角度

从福利经济学角度来看，可以通过比较政府实行管制前后的社会总福利的增减数量，来判断政府管制的收益变化。具体是通过计算消费者剩余和生产者剩余的总量来衡量。大部分通过分析价格管制和实行垄断所带来的社会福利变化，由此可以分析出价格管制和限制垄断的管制所带来的管制收益，为测度管制收益提供了分析思路。然而，它在现实运用上和假设基础上都存在一定缺陷：首先，消费者剩余和生产者剩余只是个人心理上的感觉，现实中很难定量测定出它们的实际数值；其次，福利经济学中的社会总福利概念本身就是建立在公共利益假设之上的，而管制的形成一般并不是出于公共利益这唯一的目的，因此，以公共利益来衡量管制的收益似乎有失偏颇。

2. 从经济增长理论角度

从经济增长理论角度来衡量政府管制收益，是在宏观经济学层面采用计量经济模型来定量分析管制。对经济增长的影响可以通过支出测算研究法、工程成本分析法、生产率研究法、经济计量分析法和一般均衡分析法等来衡量。生产率研究法是通过比较管制前后生产企业因效率提高而增加收益的数量，来衡量政府管制收益的。吴伟和韦苇（2004）建立了生产函数，运用经济计量分析法分析了我国管制对经济增长的影响，将管制作为制度变量纳入生产函数进行分析，结果表明：在我国 1978—2001 年的 GDP 年均增长率中，经济管制的放松对它的贡献率占 1/4，显然经济管制对经济增长有显著负向影响；作为衡量政府规模的重要指标的政府官员占全国人口的比重与经济增长呈负相关关系；政府社会管制的重要方面——环境管制对经济有正向影响；福利管制不利于经济增长。

以上运用不同方法衡量政府管制的收益大都是站在社会公众利益的角度去考察的，实际上，一项管制制度的制定是多方利益集团博弈的结果。而各方利益集团的利益目标也是有差异的，因此，从各个利益集团自身利益角度去衡量管制的收益可能是不同的。如果从产业利益集团角度考虑，它们往往只考虑自身的利益因素，如生产率、利润等。如果从政府利益角度考虑，政府一般会从经济收益和非经济收益多方面权衡。经济收益方面主要包括实行管制后国家税收的增减情况，进而是社会总生产率以及国内（或国民）生产总值的增长状况；非经济收益方面相关要素较多，主要包括国民收入分配的公平性，即是否有收入差距扩大化的趋势，以及就业率、环境改善给社会带来的收益等。总之，无论是对管制的收益还是成本，都有可能对其产生一定的偏见，从而对管制收益或管制成本的估算产生失真或偏差。

3. 从生命经济价值评估方法角度

从生命经济价值评估方法角度进行研究的学者认为，长期以来对人的生命经济价值的严重低估、对事故伤亡人员赔偿过低，导致企业缺乏安全投入的内部动力和外部压力。在目前的市场经济条件下，当政府无法完全监督企业的行为时，发生事故时的事故赔偿金构成了发生事故影响企业收益的机会成本，较高的赔偿金有利于减少事故多发企业发生事故的倾向。生命经济价值的扭曲造成的事故赔偿过低，导致企业安全生产投入产出关系的扭曲，致使一些唯利是图的企业主从经济上讲完全能承受职工伤亡事故造成的损失，而加强安全投入却反而是“不经济的”。

选择适当的方法评估人的生命经济价值，不仅可以为政府制定职业安全卫生管理制度和事故赔偿标准提供参考依据，对于企业正确评价事故经济损失和安全投资项目的经济效益、增加企业安全投入的压力和动力也有着极为重要的意义。目前支付意愿法已经成为国外学者进行生命经济价值评估的主流方法，运用支付意愿法评估生命经济价值的研究主要是在发达国家进行的，近年来，越来越多的发展中国家也开始重视该领域的研究。我国东部和西部在现行政策、经济发展水平等方面存在巨大差异，采用工资风险法进行全国范围内的生命经济价值评估是不现实的。

0.3 安全生产管制的经济激励与约束方法

安全生产管制是一种行政行为，政府对企业进行安全生产管制的主要任务在于减少负外部性，将大量的工伤事故外溢成本内化为企业的成本，促进其努力提升安全管理水平。对安全生产管制制度进行再设计，应该从经济角度约束和激励企业，使其全面提高安全生产的原动力，真正建立起“预防为主、持续改进”的安全生产自我管理机制。政府安全生产管制的目的是对各方利益的调整，这将有助于使扭曲的生命经济价值回归本位，弥补和矫正市场失灵，以达到社会和谐快速发展。

企业安全生产管制制度框架如图 10-4 所示，图中左边为约束性管制制度，右边为激励性管制制度。

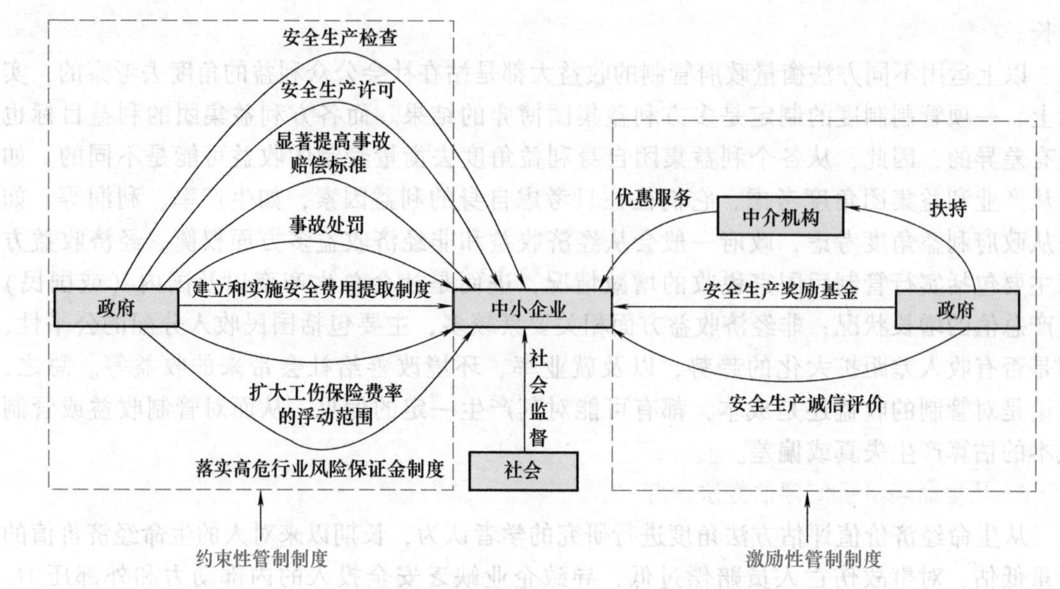

图 10-4　以经济手段为主的企业安全生产管制制度框架

10.3.1　构建约束性管制制度框架

由于企业面广量大、安全生产形势严峻，政府难以完全监管其安全生产行为，应首先从经济角度构建约束性管制制度框架，以有利于企业减少事故。因此，提出以下制度安排来实现约束性管制制度框架：

1. 以法律的高度显著提高事故赔偿标准

以生命经济价值理论为重要依据，考虑经济社会发展水平，重新设计企业事故赔偿基准，以安全立法的方式显著提高因工死亡人员遗属和伤残人员的赔偿抚恤金，提高企业的违规成本。企业在发生事故后，不仅要执行《工伤保险条例》规定的赔偿事项，还必须依据责任划分向死亡人员家属或伤残人员支付相应的赔偿、抚恤金。伤亡者本人或遗属除了得到工伤保险赔偿之外，还有权向企业提出赔偿要求。

2. 加大事故处罚力度

在安全相关法律中应酌情考虑对相关条款做出数罪并罚、加重处罚的司法解释。依照事故性质和责任大小，对企业给予经济处罚，提高现有处罚标准，对屡次出现伤亡事故的企业要予以重罚，起到震慑作用。上级主管部门要加大力度保证处罚的实施，真正使企业事故成本大大增加，使事故的“外部性”向“内部性”转变，从而引导企业重视安全投入，重视安全预防。

3. 逐步建立和实施安全费用提取制度

国家为了建立企业安全生产投入长效机制，加强安全生产费用管理，保障企业安全生产资金投入，维护企业、职工以及社会公共利益，已经颁布了《企业安全生产费用提取和使用管理办法》。

该《办法》将需要重点加强安全生产工作的冶金、机械制造和武器装备研制三类行业纳入了适用范围，同时拓展了原非煤矿山、危险品生产、交通运输行业的适用领域；提高了相应安全生产费用的提取标准；并扩大和细化了安全生产费用的使用范围，不再局限于安全生产设施，增加了一些安全预防性的投入和预防职业危害、减少事故损失等方面的支出。

4. 扩大工伤保险费率的浮动范围

根据行业风险概率的不同、企业过去数年事故发生情况、员工工种的危险性、企业安全绩效的评定级别等切实实行差别费率和浮动费率相结合的工伤保险费率机制，并且保险费率的浮动范围要显著加大，使其起到应有的作用。

5. 全面落实高危行业风险保证金制度

《国务院关于进一步加强安全生产工作的决定》明确了企业安全生产风险抵押金的经济政策。通过向从事高危行业生产经营活动的中小企业主征收安全生产风险保证金，用于事故后的抢险救灾和善后，这既可扭转“业主发财、政府赔偿”现象，又能提高高危行业企业进入市场的门槛，从而在一定程度上遏制高危行业中小企业的盲目增长。而且，对危险性大的企业和事故频发企业应增加其风险保证金，增加企业事故损失的承担，从而增加企业安全投入的积极性。

10.3.2 构建激励性管制制度框架

激励性管制是将政府管制看作一个委托-代理的问题，主要研究如何在存在信息不对称的情况下，管制者与被管制者之间激励框架的设计，本质上是给予企业一定的自由裁决权，促进企业加大安全投入，保障工人安全生产与职业健康，使得企业接近社会福利最大化。政府激励性管制过程也是管制机构、被管制企业和工人通过直接互动和间接互动关系，不断调整各自立场，从而缔结具体的能有效激励企业提高生产效率、有效保护工人权益的管制契约，并进行执行的过程。我国大中型企业的信息相对来说比较公开，国家职能部门对其监管严格，而中小企业数量众多，不易监管，因此以中小企业为例，对激励性管制进行详细分析：

1. 设置安全生产奖励基金

建立有效的安全绩效评价体系，根据评价结果对中小企业进行分级。用奖励基金对安全生产绩效评价优良的中小企业给予一定的奖励，对实施安全生产技术改造项目的中小企业提供贴息贷款等。

2. 构建中小企业安全服务体系

为了体现扶持中小企业提高安全生产水平的政策，政府需提供必要的财政补贴，构建中小企业安全服务体系，即政府部门提供财政补贴，通过建立或资助中介机构、给予中介机构优惠政策等多种形式，以引导、带动、组织社会资源按市场化运行机制，为中小企业提供安全技术支援、安全培训、咨询、检测检验、体系论证等多种有效服务，对缺乏安全管理能力的中小企业提供安全生产事务外包服务等，使中小企业能获得中介机构提供的优惠、高质、综合性的安全生产事务专业服务。

3. 完善中小企业安全投入资金扶持政策

中小企业普遍存在资金紧张的问题，生产上的融资困难问题目前还难以得到有效解决，对于安全投入的融资问题需要政府给予扶持。政府可建立专门的中小企业银行，为中小企业设立专项优惠或政府贴息贷款，增加中小企业安全投入，补全安全欠账。政府应关注中小企业发展的特殊性，从多途径建立中小企业发展的资金扶持政策。

4. 构建中小企业安全生产诚信评价体系

对中小企业进行各项评价考核时应把安全生产状况包括在内，构建这一评价体系，可在多方面发挥导向作用，如当中小企业借助信用担保机构（主要指政策性担保机构）向银行贷款时，优先满足安全生产信用等级高的中小企业的担保需要。

本章小结

本章主要对安全生产管制概念进行界定，对其理论依据进行阐述，对管制的分类进行介绍，对安全生产管制进行成本收益分析，探讨了安全生产的经济激励与约束的优势、发展和手段。

从经济学的观点看，企业可一般性地界定为“逐利的理性经济人”，为了企业利益的最大化，存在着机会主义行为，企业必然会利用包括法律规范在内的一切可能利用的空间去寻求拓展，获取利润。但是，企业的行为方式总是要受到相应制度的约束与限制，在法律的框架下，企业将会不断地在自身利益最大化和遵循法律之间做出选择。是追求自身利益最大化或是遵循法律，主要取决于法律规范和法律执行力在多大程度上改变企业的利益。因此目前企业不愿进行安全投入保障工人安全生产的一个重要经济因素是：若进行安全生产投入，则成本大幅上升，收益减少。这就使得企业缺乏安全投入的原动力，随之而来的是企业事故频发，人民群众的生命财产蒙受惨痛损失，造成恶劣的社会影响。因此，从整个社会效益来看，需要加强政府管制，从经济上对企业进行激励与约束，杜绝安全生产管制失灵现象。

思考与练习

1. 简述安全生产管制的概念。
2. 简述如何进行安全生产管制的成本分析。
3. 简述如何进行安全生产管制的收益分析。
4. 如何运用经济激励与约束手段促进企业安全生产？

第 11 章 安全经济统计

本章学习目的

掌握安全经济统计相关的基本概念和术语
熟悉安全经济统计的特点、对象、任务以及方法
了解安全经济统计流程设计的环节
分析安全经济统计指标体系的构成及评价方法

安全系统是一个庞大、复杂的系统，进行安全经济统计是分析安全系统的重要途径之一。安全经济统计是认识安全状况（安全性、事故损失水平、安全效益等）及安全系统条件（安全成本、安全投资、安全劳动等），为设计和调整安全系统、指导和控制安全活动提供依据的重要技术环节。建立安全经济统计工作体制不仅是安全经济学发展的需要，也是安全科学技术发展的需要，对提高安全科学定量技术水平具有基础性的作用，对促进安全生产、提高安全工作效益也有重要的实际应用意义。

11.1 安全经济统计概述

11.1.1 安全经济统计的特点

安全经济统计（Safety Economy Statistics）是分析安全状况、安全系统条件、设计和调整安全系统，并进一步指导和控制安全活动的重要技术环节。

安全经济统计总体、总体单位、单位标志的含义是安全经济统计最基本的概念。根据一定的目的和要求，安全经济统计所需要研究的事物全体称为统计总体，简称总体。构成总体的每一个事物，称为总体单位，简称单位。通常所说的统计标志就是单位标志，简称标志，它是总体单位的共同属性或特征。很明显，总体单位是标志的直接承担者，标志是依附于单位的。

安全经济统计具有如下特点：

（1）**大量性**

安全经济统计总体是由许多单位组成的，仅仅个别或少数单位不能形成统计总体。

（2）**同质性**

总体的同质性是一切统计研究的最重要前提。它意味着统计总体各个单位，必须具有某种共同的性质把它们结合在一起。

（3）**变异性**

构成统计总体的单位在某一方面是同质的，但在其他方面又必须是有差异的。总体的变异性是各种因素错综复杂作用的结果，这就决定着要用统计的方法来研究这类变异现象。

11.1.2 安全经济统计的对象

安全经济统计的对象是针对安全经济现象的数量方面，安全经济统计研究就是利用科学的方法收集、整理、分析现实经济的数据，并通过统计指标说明安全经济现象的规模、水平、速度、效益和比例等问题，以反映安全规律在一定的时间、地点和条件约束下体现的具体作用。安全经济统计对象的数量方面主要有如下内容。

1）以横截面的统计资料，反映某一时间（时期）的安全经济现象总体的规模和结构分布情况。例如，分析全国安全措施经费占 GDP 的比例或占更新改造费的比例等。

2）以时间序列的统计资料反映某一安全现象总体在不同时间的发展速度和变动趋势。例如，表 11-1 反映的是我国 2008—2017 年煤炭百万吨死亡率的变化情况。

从表中可以看出，我国煤炭百万吨死亡率是逐年递减的。

表 11-1 我国 2008—2017 年煤炭百万吨死亡率

时间	2008	2009	2010	2011	2012	2013	2014	2015	2016	2017
指标值	1.182	0.892	0.803	0.564	0.374	0.293	0.259	0.159	0.156	0.106

3）以统计资料对比反映安全经济现象之间的联系和存在问题。

例如，安全投资和事故损失之间客观上存在内在联系，某企业若干年份安全投资和事故损失数据的对比资料见表 11-2。

表 11-2 某企业若干年份安全投资和事故损失数据的对比资料

安全投资（万元/年）	12.1	15.6	19.9	26.0	34.0	44.7	57.7
事故损失（万元/年）	41.3	31.0	22.9	16.7	12.2	9.2	7.4

从以上数据可以看出，安全投资与企业发生的事故损失之间呈现一种负相关的联系。当企业重视安全生产工作时，安全投资大，事故损失则减少；安全投资减少，事故损失就相应增大。因此，利用相关分析与回归分析可以加深人们对安全经济现象之间相互关系的了解，安全规律进行有效的分析。

4）以历史和现状的安全经济统计资料来预测安全经济现象在未来可能达到的规模和水平。

任何事物的发展过程都具有延续性，因此，通过对历史和现状的统计分析，预测安全经济活动的发展趋势，这是安全经济统计工作的重要任务之一。预测能够直接或间接地为宏观和微观安全目标、安全投入、安全管理、政策措施等提供信息。

11.1.3 安全经济统计的任务

安全经济统计是一项具有广泛群众性和高度集中的工作，在统计机关的统一组织下，由多个部门、地区、相关单位密切合作，相互配合，共同完成。安全经济统计的任务是通过对数据的搜集整理、处理分析去说明安全状况，找出安全生产规律，进行预测和决策等。作为一种方法论，它包含数据的搜集整理方法和处理分析方法两大部分。具体任务如下：

1）确定安全经济统计任务的目标。确定所需研究的安全经济方面的基本数据，从这些数据方面归结出明确的统计指标和指标体系，明确安全经济统计任务的解决问题的目标集合，以便逐步实施。

2）系统收集、整理和提供大量的以数量描述为基本特征的安全经济信息。确定任务要求和进行整体设计之后，按照一定的程序，依照科学的统计指标体系和调查方法，有组织、有计划地开展安全经济统计调查，收集统计资料。

3）根据掌握的丰富的统计信息资源，进行统计分析，为科学决策和管理提出咨询意见和对策建议。充分利用统计调查和统计分析成果，及时、准确、全面地为各级领导和管理部门，为社会、企业和科学研究提供资料，为安全生产工作提供咨询服务。

4）对安全经济系统运行实现全面监督。根据统计调查和统计分析，对安全经济系统运行状况和各项安全生产政策的执行情况进行全面、系统的定量监督、检查和预警，揭示安全生产的主要问题，使安全生产发展战略顺利进行，保障安全经济的持续、协调、稳定发展。

安全经济系统可以从统计学角度入手，对与安全生产有关的数据信息进行分析，揭示安全经济现象中蕴含的基本经济规律，主要涉及事故损失规律分析、安全资源配置规律、安全效益规律、安全成本及供求关系、安全经济综合评估等基本经济规律的研究。通过以上研究，一是可以从理论上阐述安全生产与社会经济发展的关系及规律，从而为安全生产科技服务；二是科学认识安全生产对保证社会经济发展目标实现的贡献度，有助于建设安全生产价值观；三是系统了解安全生产投入产出规律及其对企业经济效益实现的作用，指导合理的安全生产投入；四是合理评价事故的经济损失及其对社会经济的影响，实现有效的安全生产活动。

11.1.4 安全经济统计的方法

安全经济统计过程会综合利用多种方法，具体介绍如下。

1. 大量观察法

对安全经济现象和过程实施研究，要从总体上入手，就总体的全部样本或者足够多的样本进行综合分析，这种方法就称为大量观察法。这是由经济统计对象的大量性和复杂性所引起的，在统计报表、普查、抽样调查、重点调查中都要采用这种方法。大量观察法的作用就是通过对统计总体中大量单位进行观察，将个体中非本质的偶然性因素相互抵消，排除次要因素，以研究主要因素对现象总体的影响。

2. 综合分析法

所谓的综合是对大量数据观察所得到的资料，运用综合指标反映总体的一般特性，通过对大量原始数据的汇总和梳理，计算各种安全经济综合指标，从而显示出安全经济现象在具体时间、地点及多种情景下所表现出来的结果。例如安全措施经费总量、国民生产总值安全成本指数就体现了总体的综合数量特征和变化趋势。

所谓的分析是在综合指标的分解和对比基础上，研究安全经济总体的差异和数量关系。首先利用统计分析的方法，根据不同经济现象的性质，划分若干组进行分类，然后在分组的基础上运用数量分析的各种方法探讨总体内部的各种数量关系，发现问题，进一步寻求解决问题的方法。

3. 归纳推断法

通过统计调查，观察总体和单位样本的特征，由此得到总体的一些特性，这种方法就是逻辑上的归纳方法。所谓归纳，就是从个体到一般、由事实到概括的推理过程。例如综合指标反映出总体的一般特征，而不同于总体中的各个单位样本的标志值，概括归纳可得到总体一般特性。在大量、凌乱的安全经济统计资料中进行归类整理、分析统计、逐步推理，利用归纳法认识其一般规律。但在归纳统计时要注意局部样本对总体的解释程度，要依托相关的统计指标进行判断。

在综合利用以上方法时，要注意具体问题具体分析，也要注意把大量观察和典型调查进行结合。在社会经济学和数理统计学的理论指导下，解决安全经济问题，在质与量的辩证统一中研究安全经济现象的数量关系。

11.2 安全经济统计流程

安全经济统计是一项既具有广泛性而又具有高度集约性的工作，进行统计工作时必须建立相应的组织机构，在统计机关统一组织下，协调各个部门密切合作，共同完成。具体流程如图 11-1 所示。

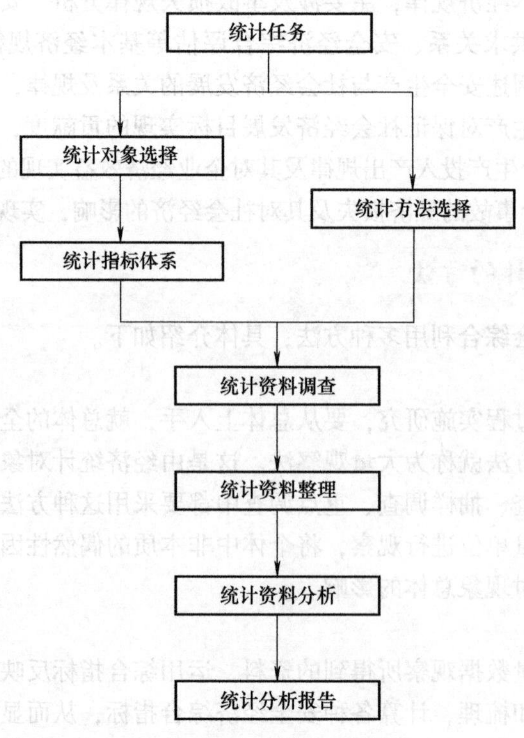

图 11-1　安全经济统计基本流程

11.2.1 安全经济统计流程的基本环节

安全经济统计流程中涉及的基本环节内容如下。

1. 安全经济统计任务的确定

明确安全经济统计任务应解决问题的目标集合，归结出明确的统计指标和指标体系，从而确定所需研究的安全经济方面的基本数据，以便分阶段地逐步实施。

2. 安全经济统计的设计

对安全经济统计工作的各个方面和环节进行综合考虑和安排，形成设计方案，如指标体系、分类目录、调查方案、整理方案以及数字保管和制度，制定各种可行方案，以指导实际活动。总体设计是一项很重要的工作，否则影响安全经济设计总体方案。统计任务的确定和统计对象、方法、统计指标的选择是开展统计工作的基础。

3. 安全经济统计数据资料的收集

确定任务要求和进行整体设计之后，可以根据统计方案的确定，有计划地开展调查，进入数据搜集的阶段，也称为统计调查阶段。该阶段就是根据事先确定的指标体系，收集研究对象的基础数据资料，这是安全统计流程的基础环节。

4. 安全经济统计资料的整理

对收集的安全经济统计资料进行汇总、梳理，使之成为一个有条理的体系，再根据安全统计的任务要求，进一步分组、综合汇总，以便于下一个阶段实施资料分析。

5. 安全经济统计资料的分析

对加工汇总后的数据，通过分组数据和总计数据计算各项指标，研究研究对象的发展趋势和比例关系，从而阐明安全经济现象的特征和发展规律，得到一系列科学的建议，这一阶段是安全经济统计研究中最为关键的一步。

6. 安全经济统计资料的预测

在搜集整理准确而丰富的统计信息的基础上，建立安全经济数据库、信息库，并进一步挖掘出数据仓库，进而建成安全决策支持系统，以多种多样的灵活方式提供资料和咨询，为各级领导部门决策以及统计监督提供优质服务。相关部门根据统计资料信息做出相应的决策，以保证整个社会的安全水平，实现安全经济效益的最大化。

11.2.2 调查方案设计

统计调查是一项复杂而细致的工作，一个大规模的调查涉及的人员广、项目类别多、耗时耗资大，如果没有完整的计划、严密的组织是难以完成的。因此，在统计调查前要设计好统计调查方案，统一认识、统一方法、步调一致。完整的调查方案以有计划、有组织进行为前提，保证调查的顺利完成。具体内容包括以下几个方面。

1. 确定调查目的

确定调查目的就是明确统计调查到底要做什么，解决什么问题，这是安全经济统计调查的首要问题。调查目的不同，调查的内容和范围就不同，因此对调查的不同对象或内容，采取不同调查方法；在调查过程中要对调查对象和调查单位的特征进行分析，将其融入调查研究中。

2. 确定调查对象和调查单位

确定调查对象和调查单位就是确定向谁调查，由谁提供具体的调查数据资料。所谓的调查单位就是根据调查目的而确定的调查研究总体或调查范围，是在调查过程中明确的调查项目和指标具体承担者或载体，是收集数据、分析数据的基本单位，由调查目的和调查对象来决定，涉及具体的行业、具体类型的企业。

3. 确定调查项目与调查表

调查项目是调查的具体内容，它是由一系列的数量标志和品质标志构成的，在调查过程中确定哪些调查项目，选择多少调查项目，这是由调查目的和调查单位的特点决定的。调查表是调查方案的核心，包含了调查过程重要调研的调查项目，是进行数据采集的基本工具，使用调查表进行基础数据资料的登记，也便于统计数据资料的整理。

4. 确定调查时间和调查期限

调查时间是指调查资料所需的时间，如果调查的是时期现象，如事故发生数、死亡人数、安全投资额等，要明确开始时间和结束时间。如果调查的是时点对象，则要明确具体的时间界限。调查期限是调查工作的时限，包括收集数据资料和报送资料所需的所有时间。作为安全经济统计分析，时效性要求非常高，及时准确地获得统计数据资料是非常关键的。

5. 制订调查的实施计划

调查组织工作包括：调查工作的领导机构和调查人员的确定；调查前的准备工作，如宣传教育、调查人员的培训、文件的编制印发等；调查资料的报送办法；调查经费的预算与开支办法；公布调查成果的时间等。

统计数据的获得，除了直接进行调查获得原始资料以外，还可以利用次级资料进行研究与分析。次级资料是已经收集、整理的数据资料。次级资料的使用在一定程度上可以便于进行数据的二次开发和利用，进行深层次的数据挖掘。

11.2.3 统计数据收集

统计数据是进行统计分析的基础，如何收集数据是安全经济统计流程中要研究的内容，而调查是获得社会经济数据的主要手段。目前，通常采用的统计调查方式有统计报表制度、普查、重点调查、典型调查和抽样调查等。

1. 统计报表制度

统计报表制度（Statistical Report System）是我国统计调查方法体系中一种重要的组织方式。它是根据国家的统一规定，按统一的表格形式、统一的指标内容、统一的报送时间，自上而下逐级提供统计资料的统计报告制度。统计报表制度具备统一性、时效性、全面性、可靠性的特点，可以满足各级管理层次的需要。我国已经形成了比较完善的伤亡事故统计报告制度，制定了《生产安全事故统计报表制度》，并不断更新，规范了安全生产统计工作，构成了国家和地区进行安全形势分析的主要数据来源。

统计报表主要用于收集全面的基本情况，也为重点调查等非全面调查所使用。统计报表制度是一个庞大的组织系统，不仅要求各个基础单位有完善的原始记录、台账和内部报表等良好的基础，还要一支熟悉业务的专业队伍。

2. 普查

普查（General Investigation）是专门组织的一次性全面调查。普查一般是调查一定时点上的社会经济现象的总量，但也可以调查某些时期现象的总量，乃至调查一些并非总量的指标。普查涉及面广，指标多，工作量大，时间性强。为了取得准确的统计资料，普查对集中领导和统一行动的要求最高。但是，普查的试验范围比较窄，只能调查一些最基本的现象。例如，曾经开展过一次性普查，调查我国安全活动领域中安全科技人员对安全生产的贡献率，对各种类型企业中安全技术人员的人数和素质进行调查和分析。

3. 重点调查

重点调查（Key-point Investigation）是一种非全面调查。它是在调查对象中，只选择少数重点单位所进行的调查。重点调查的特点是省时、省力，能反映总体的基本情况。能否开展重点调查是由调查任务和调查对象的特点所决定的。当调查任务只要求掌握基本情况，而且调查对象中又确实存在重点单位时，方可实施。这些重点单位虽然数量不大，但调查的标志值在总体样本中所占比重大，通过重点调查，能够掌握总体的基本情况。通常情况下，重点调查可以与统计报表制度相结合，采用统计报表获得所需的资料。

4. 典型调查

典型调查（Typical Investigation）也是一种非全面调查。它是根据调查目的，在对研究对象进行全面分析的基础上，有意识地选出少数有代表性的单位，进行深入细致调查的一种调查方法。典型调查可以弥补其他调查方法的不足，为数字资料补充丰富的典型情况，在有些情况下，可用典型调查估算总体数字或验证全面调查数字的真实性。通过典型调查可以研究不同类型和层次的对象的相互关系。例如，通过典型调查可以区别先进行业和落后行业，总结教训，进一步研究对策，促进安全生产形势的转化与发展。

5. 抽样调查

抽样调查（Sample Investigation）是非全面调查的一种主要组织形式。它是按照随机原则从总体中抽取部分单位作为样本进行观察，并用观察结果推断总体数量特征的一种调查方式。抽样调查与其他非全面调查相比，具有如下特点：按照随机原则抽取调查单位；以推断总体为目的，而且能够对推断结果的可靠性得出数学上的说明。因此，抽样调查一定要根据随机原则，保证抽取样本的随机概率，设计最优的抽样方案，尽力避免可能的各种偏差，从方法技术上保证样本的代表性。

以上统计调查方法中统计报表制度和普查是全面调查，重点调查、典型调查和抽样调查是非全面调查。无论采用何种方法进行调查，在获取数据时，可以选择直接观察法、报告法、设计访问调查表等方法来实现数据的收集。

11.2.4　统计资料整理与分析

收集的大量原始数据是分散的、不规则的、不系统的，必须要按照科学的原则对这些数据进行加工处理，使之系统化、条理化，由个别上升到一般，便于储存、传递来反映总体特征，以满足统计分析的需要。统计资料的表现形式有统计表、统计图和统计报告，而统计表和统计图则是表现统计资料的基本形式。

事故统计分析是统计资料整理中常见的统计数据分析方法，根据事故统计的原始数据，意图从大量事故分析中探索事故发生的规律，利用各种图表直观而形象地反映事故发生的情况。常用的事故统计图表法有以下几种。

1. 主次图分析法

主次图（Pareto Diagram）分析法又称为主次因素排列图，简称排列图，是利用数理统计原理，寻找主次因素的一种有效方法。在安全管理尤其是分析事故中，人们常常运用排列图，列出事故的各种不同类型和导致事故的各种原因，从中可直观地、定量地看出各种因素影响的大小，进而找出其中的主要原因和主攻方向，以便及时、准确、更有针对性地制定出预防性的安全技术措施，做好超前工作，减少伤亡事故的发生。主次图是直方图和曲线图的结合，直方图用来表示属于某项目各分类的工伤频数（人次数），而折线点则表示分类的累计百分比，具体绘制步骤如下：

1）收集事故数据。

2）确定分析内容，如事故类别、事故原因、事故场所、年龄和工种等。

3）统计事故指标的绝对值和相对频数（百分比）。

4）绘制图形，其中横坐标表示分析的内容，纵坐标表示事故人次数和累计百分比。

5）根据图形进行定性分析，判断主要矛盾、制定措施和解决方案。

主次图示例如图 11-2 所示。

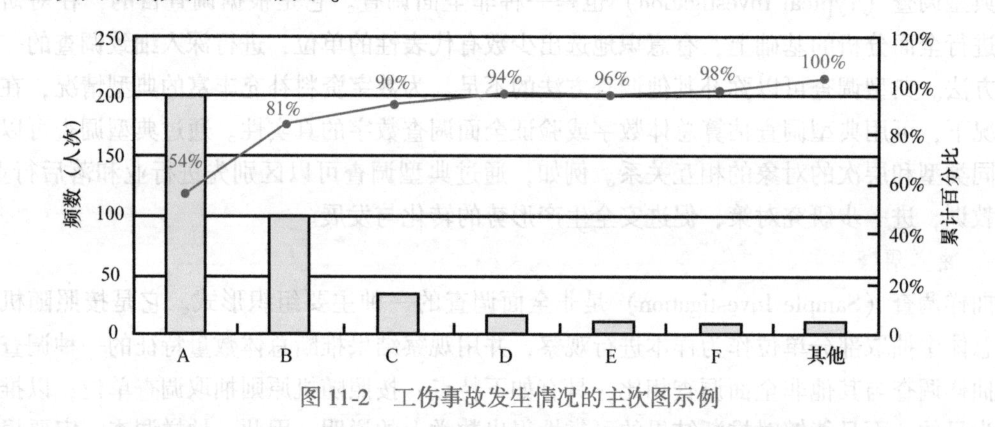

图 11-2　工伤事故发生情况的主次图示例

2. 事故趋势图分析法

事故趋势图（Accident Trend Diagram）又称为事故动态图，是按照系统内事故发生的情况，根据时间顺序，对比不同时期事故指标，评价各个时期内的安全状况，分析事故发展趋势的一种图形分析方法，以预测未来事故发展状况，采取防范措施。图 11-3 反映了 1991—2010 年度我国交通事故 10 万人死亡率的趋势情况。

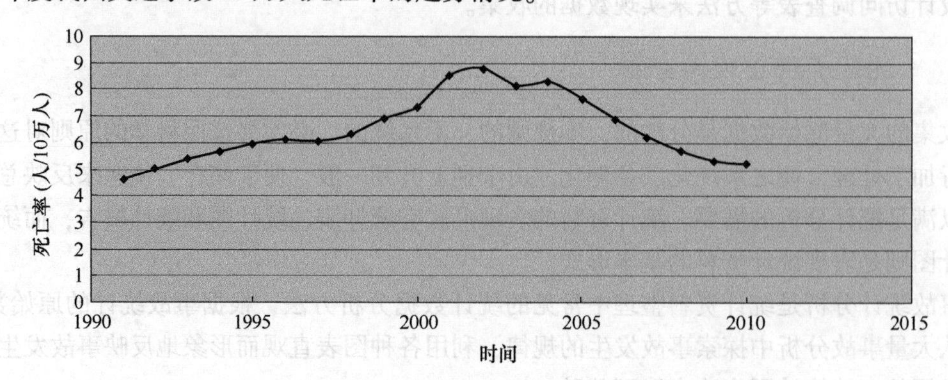

图 11-3　1991—2010 年我国交通事故 10 万人死亡率的趋势图

3. 控制图分析法

控制图（Control Chart）的思想源自对生产过程的关键质量特性值进行测定、记录、评估并监测，根据假设检验原理构造一种图，用于监测生产过程是否处于控制状态。它是统计质量管理的一种重要手段和工具，目前被引入工伤事故的统计分析中。假设工伤事故是随机事件，服从二项分布，根据概率理论计算出期望值或均值，从而得到伤亡事故的上下界限。在控制图上有三条笔直的横线，中间的一条为中心线（CL），一般用蓝色的实线绘制；在上方的一条称为控制上限（UCL）；在下方的称为控制下限（LCL）。图 11-4 是控制图示例。对控制上限和控制下限的绘制，一般均用红色的虚线，以表示可接受的变异范围；实际伤亡则大都用黑色实线绘制。

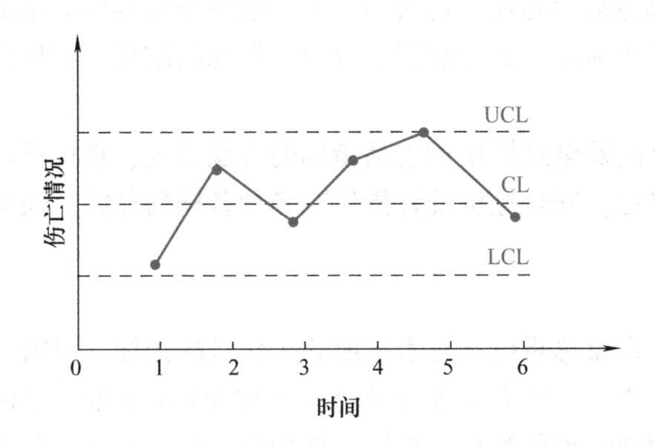

图 11-4 控制图示例

中心线的计算公式如下：

$$CL = n\overline{P} \tag{11-1}$$

$$\overline{P} = \frac{A}{nM} \tag{11-2}$$

式中 $\overline{P}$——每月每人发生伤亡事故的概率；

A——统计期间内伤亡人数（万人）；

n——统计期间内平均工人人数（万人）；

M——该统计期间划分为若干时间区段，一般是以月为单位；

$n\overline{P}$——该统计时期内伤亡事故的期望值。

控制上限：

$$UCL = n\overline{P} + 2\sqrt{n\overline{P}(1-\overline{P})} \tag{11-3}$$

控制下限：

$$LCL = n\overline{P} - 2\sqrt{n\overline{P}(1-\overline{P})} \tag{11-4}$$

在控制图上，如果超过了上、下控制界限，说明出现不利情况，应该引起重视，采取措施，预先控制事故的发生。

其他方法还有分布图、图形结构图、柱状图、饼状图等，在此不详细介绍。

11.3 安全经济统计指标体系

11.3.1 安全经济统计指标体系结构与分类

安全经济统计指标是反映同类安全经济现象某种综合数量特征的科学概念，其基本结构是指标名称和指标数量。由于总体的数量特征总是由统计单位的数量特征综合而成的，因此指标具有一定的综合性。一个完整的统计指标由六个要素构成，即时间、空间、指标名称、指标数值、计量单位、计算方法。一定时间、地点条件下的安全经济现象对应于一定的总体对象，而指标数值是总体某标志在一定时间、地点条件下的具体数量的体现，是根据一定的方法对总体各单位的具体标志值进行登记、分类、汇总的结果，在形式上可以是绝对数、相对数或平均数。

一个在结构上完整的安全经济指标包括指标的表现形式、指标所属的时期或时点、指标所代表的总体和计量单位。安全经济统计指标有各种各样的分类，通常把统计指标分为绝对指标和相对指标。

1. 绝对指标

用于反映安全经济现象总规模、总水平或总工作量的指标，反映安全生产中各种统计对象的发展规模和水平的指标，在安全经济统计中统称为绝对指标（Absolute Index）。由于反映的是现象的总量，因此它也称为总量指标。例如企业员工人数、伤亡事故次数等。绝对指标反映安全生产中某统计对象不同时间、地点和条件下的不断变化。例如，企业的职工人数每年、每月、每天都不同，各地区的生产条件也不完全一样。

绝对指标有总体单位总量和总体标志总量。总体单位总量表明总体中单个指标的单位数的多少，如企业数、职工人数等。总体标志总量是总体各单位数量标志值之和，是总体单位的某一数量标志值加总而得到的。例如工业企业职工工资情况，职工人数为总体单位总量，工资总额为总体标志总量。在安全经济领域，安全投入方面的绝对指标包括主动投入指标（安全措施经费、劳保用品费、保健费、安全奖等）和被动投入指标（职业病诊治费、赔偿费、事故处理费、维修费等）。安全经济效果和效益方面的绝对指标包括负效果指标（经济损失量、工日损失量、环境污染量、伤亡数等）和正效果指标（生产增值、利税增值、损失减少量、伤亡减少量等）。

2. 相对指标

用以表明安全经济现象相对水平或工作质量的统计指标，称为相对指标（Relative Index），是指安全经济现象和过程两个相互联系的指标的比率，反映了现象与过程间的对比关系。相对指标从质量、效益、强度和效率等说明安全经济现象，反映安全经济现象的本质及现象之间的固有关系。

根据研究目的和任务不同，相对指标的计算方法也不同，也产生不同的相对指标。一般常用的相对数有以下几种：

（1）反映计划完成程度的相对数

该类相对数将某一时期实际完成的工作数与计划任务数对比，来说明任务的完成程度，是实行计划管理、检查监督计划执行情况的重要指标。如下所示：

$$\text{计划完成安全效益相对指数}=\frac{\text{实际完成安全效益数}}{\text{计划完成安全效益数}}\times 100\% \tag{11-5}$$

(2) **反映现象结构状况的相对数**

在安全统计中，将总体中某些部分的数值与总体总数进行比较，从而研究部分占总体的比重和变化情况，更深刻地认识事物各个部分的特殊性质及在总体中的比重，该比值称为结构相对数。如下所示：

$$\text{结构相对指标}=\frac{\text{总体部分数}}{\text{总体全部数}}\times 100\% \tag{11-6}$$

(3) **比较相对数**

把同一时期两个性质相同的现象进行对比，反映它们之间的差异程度，从而看出发展不平衡的现象，这个比值称为比较相对数。该类指标不仅可以对国际同类指标进行比较分析，还可以应用在不同地区、不同部门、单位、企业以至车间、班组之间安全生产不平衡的比较。如下所示：

$$\text{特大事故比较相对指标}=\frac{\text{某地区(单位)特大事故数}}{\text{另一地区(单位)特大事故数}}\times 100\% \tag{11-7}$$

(4) **反映现象密度、强度或者普遍程度的相对数**

该类指标将两种性质不同而有联系的属于不同总体的绝对数加以比较，用以说明统计对象的密度、强度或者普遍程度，可以深入表示两个性质不同但有密切联系的现象之间的关系。如下所示：

$$\text{强度相对指标}=\frac{\text{某一总量指标数值}}{\text{另一有联系但性质不同的总量指标}}\times 100\% \tag{11-8}$$

除了以绝对数、相对数划分指标以外，安全经济是一个动态连续的变化过程，通常可以采用静态指标和动态指标来划分安全经济指标，说明安全经济现象的规模和变化趋势。

接下来，就事故、安全投入、经济效益和经济综合评估几个方面分别介绍统计指标体系。

11.3.2 事故统计指标体系

事故是安全问题最重要的表现形式，事故一发生，往往造成人员伤亡或设备、装置、建筑物等破坏，企业、家庭和国家的经济损失都相当大。事故造成的危害多种多样，可以划分为经济损失、社会损失、政治损失，有直接损失，也有间接损失，往往间接损失造成的危害更大。

1. 事故统计指标

事故导致的损失包括两个方面：一是人员损失，二是设备、厂房、产品等资源破坏造成的经济损失。两者可以采用绝对指标和相对指标表示，见表 11-3。

表 11-3 生产安全事故统计指标

	绝对指标		相对指标	
	人员损失	经济损失	相对人员	相对产品（产量）
生产安全事故统计指标	死亡人数 重伤人数 轻伤人数 工作日总损失	直接经济损失 间接经济损失 经济损失严重等级	10 万人死亡率 伤害频率 重特大事故率 百万工时死亡率 人均工日损失	亿元 GDP 死亡率 百万吨死亡率 道路交通万车死亡率 特种设备万台死亡率 损失直间比

除上表列出的综合指标体系以外，根据行业、地区特点需要进一步制定工矿企业、各行业和各地区的生产安全事故统计指标体系。

（1）**工矿企业生产安全事故统计指标**

工矿企业统计指标即反映煤矿企业、金属与非金属企业、工商企业伤亡事故情况的指标，共14项：伤亡事故起数、死亡事故起数、死亡人数、重伤人数、轻伤人数、直接经济损失、损失工作日、重大事故起数、重大事故死亡人数、特大事故起数、特别重大事故死亡人数、百万吨死亡数。另外，为了满足不同行业需求，增加了5个相对指标，即千人死亡率、千人重伤率、百万工时死亡率、亿元GDP死亡率、重特大事故率，从而消除绝对指标可比性差的问题。

（2）**行业生产安全事故统计指标**

行业指标体系主要反映煤矿、非煤矿山、建筑、交通运输、消防火灾、农机渔业和其他船舶事故指标。

1）道路交通事故统计指标。包括事故起数、死亡事故起数、死亡人数、受伤人数、直接财产损失、重大事故起数、重大事故死亡人数、特别重大事故起数、特别重大事故死亡人数、万车死亡率、10万人死亡率、生产性事故起数、生产性事故死亡人数、重大事故率、特大事故率。

2）火灾事故统计指标。包括事故起数、死亡事故起数、死亡人数、受伤人数、直接财产损失、重大事故起数、重大事故死亡人数、特别重大事故起数、特别重大事故死亡人数、百万人火灾发生率、百万人火灾死亡率、生产性事故起数、生产性事故死亡人数、重大事故率、特大事故率。

3）水上交通事故统计指标。包括事故起数、死亡事故起数、死亡和失踪人数、受伤人数、直接经济损失、重大事故起数、重大事故死亡人数、特别重大事故起数、特别重大事故死亡人数、沉船艘数、千艘船事故率、亿客公里死亡率、重大事故率、特大事故率。

4）铁路交通事故统计指标。包括事故起数、死亡事故起数、死亡人数、受伤人数、直接经济损失、重大事故起数、重大事故死亡人数、特别重大事故起数、特别重大事故死亡人数、百万机车总走行公里死亡率、重大事故率、特大事故率。

5）民航飞行事故统计指标。包括飞行事故起数、死亡事故起数、死亡人数、受伤人数、重大事故万时率、亿客公里死亡率。

6）农机事故统计指标。包括伤亡事故起数、死亡事故起数、死亡人数、重伤人数、轻伤人数、直接经济损失、重大事故起数、重大事故死亡人数、特别重大事故起数、特别重大事故死亡人数、重大事故率、特大事故率。

7）渔业船舶事故统计指标。包括事故起数、死亡事故起数、死亡和失踪人数、受伤人数、直接经济损失、重大事故起数、重大事故死亡人数、特别重大事故起数、特别重大事故死亡人数、千艘船事故率、重大事故率、特大事故率。

（3）**地区安全评价类统计指标体系**

地区安全评价指标主要反映各地区安全生产情况，描述不同地区安全生产水平，考虑社会、经济、生产发展水平，这类指标包括死亡事故起数、死亡人数、直接经济损失、重大事故起数、重大事故死亡人数、特别重大事故起数、特别重大事故死亡人数、亿元GDP死亡率、10万人死亡率。

2. 事故相对指标的计算方法

在通过统计调查获得生产事故总量资料的基础上，需要对某个具体问题进行专门研究，建立相应的相对指标来反映事故的特性。要根据统计分析的要求，依不同的目的选取不同的相对指标计算方法，包括事故发生频率、事故严重程度以及对安全生产形势的趋势分析和预测。事故频率指标说明一定时期内伤亡事故发生频率以及对劳动者的影响程度，主要包括工伤事故平均受伤害人数、工伤频率、平均工伤歇工工日、重特大事故率等指标；工伤事故严重程度反映安全生产事故造成的相对严重程度，可以用职工人数、产值、劳动率等指标进行计算，如重特大事故率、单位事故造成伤亡人数、工伤死亡率、工伤事故死亡指数、负伤严重度等指标。其中，工伤频率表示某时期内每百万工时事故造成的伤亡人数，伤害严重率表示某时期内每百万工时事故造成的损失工作日数。

1）千人死亡率：某时期内平均每千名职工中因工伤事故造成的死亡人数。

$$\text{千人死亡率}=\frac{\text{死亡人数}}{\text{平均职工数}}\times 10^3 \tag{11-9}$$

2）千人重伤率：某时期内平均每千名职工中因工伤事故造成的重伤人数。

$$\text{千人重伤率}=\frac{\text{重伤人数}}{\text{平均职工数}}\times 10^3 \tag{11-10}$$

3）亿元 GDP 死亡率：表示某时期（年、季、月）内，平均创造 1 亿元 GDP 因工伤事故造成的死亡人数。

$$\text{亿元 GDP 死亡率}=\frac{\text{死亡人数}}{\text{GDP(元)}}\times 10^8 \tag{11-11}$$

4）10 万人死亡率：某时期内、某地区或企业平均每 10 万人中，因安全事故或机动车辆造成的死亡人数。

$$\text{10 万人死亡率}=\frac{\text{死亡人数}}{\text{从业人员总数}}\times 10^5 \tag{11-12}$$

5）百万工时死亡率：某时期内平均每百万工时因事故造成的死亡人数。

$$\text{百万工时死亡率}=\frac{\text{死亡人数}}{\text{实际总工时数}}\times 10^6 \tag{11-13}$$

6）重大事故率：某时期重大事故占总事故的比率。

$$\text{重大事故率}=\frac{\text{重大事故次数}}{\text{事故总次数}}\times 100\% \tag{11-14}$$

7）特大事故率：某时期特大事故占总事故的比率。

$$\text{特大事故率}=\frac{\text{特大事故次数}}{\text{事故总次数}}\times 100\% \tag{11-15}$$

8）亿客公里死亡率：反映各交通领域（公路运输、铁路运输、航空运输、航海运输）单位人员交通效率的事故死亡代价。

$$\text{亿客公里死亡率}=\frac{\text{死亡人数}}{\text{客公里数}}\times 10^8 \tag{11-16}$$

9）百万人火灾发生率：某时期某地区平均每 100 万人中火灾发生的次数。

$$\text{百万人火灾发生率}=\frac{\text{火灾发生次数}}{\text{地区总人数}}\times 10^6 \tag{11-17}$$

10）万车死亡率：某时期某地区平均每 1 万辆机动车辆中造成的死亡人数。

$$万车死亡率 = \frac{机动车造成的死亡人数}{机动车数} \times 10^4 \tag{11-18}$$

11.3.3 安全投入统计指标体系

安全投入是指控制危险源，消除事故隐患，提高作业安全系数，实现现场标准化，治理尘、毒危害，根治跑、冒、滴、漏，改善作业环境，实现环境标准化，强化安全教育，加大安全文化建设，提高安全文化素质，实现员工本质安全化，即为企业创造一个正常的安全生产秩序和良好的作业环境，实现人-机-环境系统本质安全化而在人力、物力、财力等方面的投入。安全投入和生产投入一样，是企业生产过程中的一项经济活动，安全投入按照绝对量和相对量来划分，建立安全投入统计分析的指标体系。

1. 安全投入的绝对量指标

安全投入的绝对量是指在生产过程中，国家、企业或行业为满足一定的安全生产目的而进行的安全资金的投入，可以从人力、实物、技术和组织角度来分析。安全投入的绝对量指标体系如图 11-5 所示。

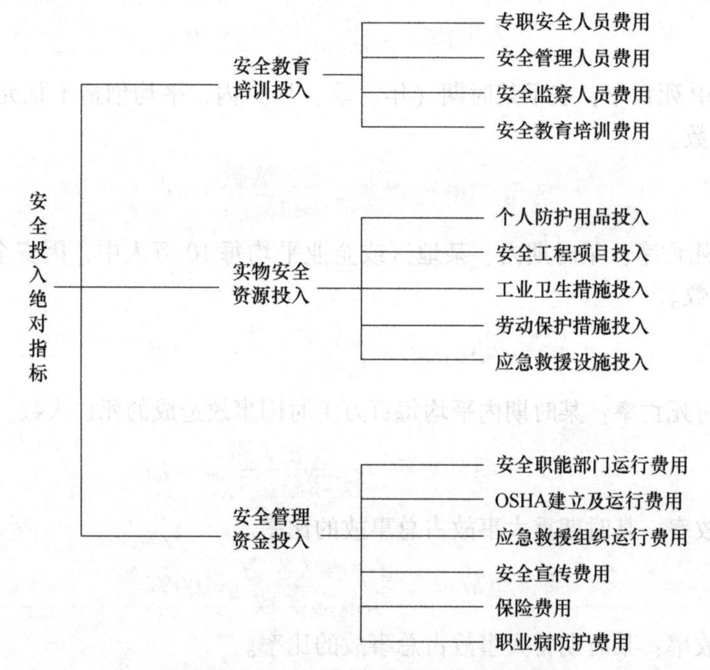

图 11-5 安全投入的绝对量指标体系

具体说来，为了满足人、物、环境、管理要求而投入的货币总量就是安全投入的绝对量。其中，人力资源方面的投资是为了使员工能够安全地完成工作任务，避免人为失误和管理缺陷等进行的必要安全投入，即通过安全专业人员的活劳动保证安全生产。物和环境的投入是为了保证生产的本质安全化而进行的各项投资，包括各种安全辅助设备、设施等安全工程项目和安全技术改造的投入等。管理是保障安全生产的根本原因，因此管理方面的安全投入占有重要的地位，有效的配置人力与物力资源保证了各项安全生产制度的规范、执行和监督。

2. 安全投入的相对量分析

安全投入的绝对量表明了安全投入的强度，揭示了政府、企业在一定时间和条件下安全投入的数量总额。对于不同行业、不同地区、不同风险程度的企业，绝对量的描述不全面，无法解释安全投入的比例、趋势、结构等问题。相对量指标能够比较深刻地反映安全经济现象的本质及现象之间的联系，反映安全经济现象之间的相互联系、相互依存关系。相对量指标体系根据核算范围的不同，可以体现不同层次的需求，如图 11-6 所示。

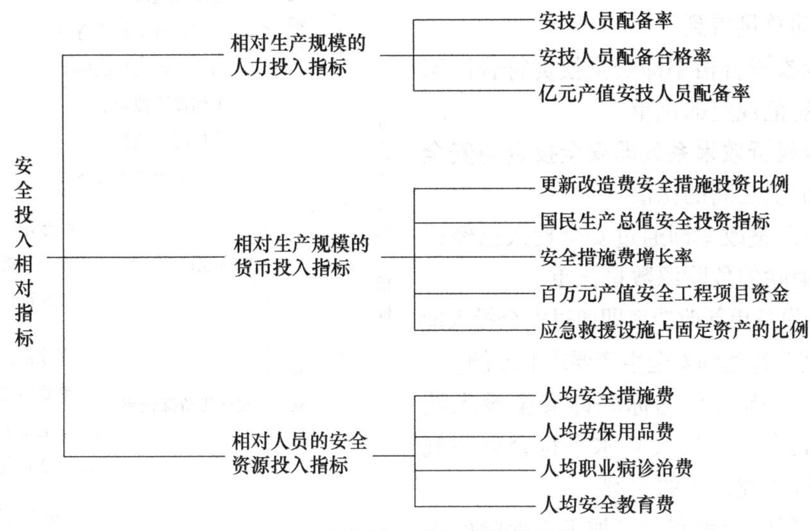

图 11-6　安全投入的相对量指标体系

（1）**相对生产规模的人力投入指标**

这类指标包括安技人员配备率、安技人员配备合格率和亿元产值安技人员配备率。其中，安技人员配备率是指安全专职人员占职工总人数的比重；安技人员配备合格率可以考查安全人员配备使用情况以及社会经济与文化发展的水平；亿元产值安技人员配备率是指亿元生产产值的安全技术人员配备比例。

（2）**相对生产规模的货币投入指标**

这类指标包括更新改造费安全措施投资比例、国内生产总值安全投资指标、安全措施费增长率、百万元产值安全工程项目资金、应急救援设施占固定资产的比例等。例如，在核算 100 万元产值所花费的安全成本时，利用如下公式来计算：

$$\text{百万产值安全工程项目资金} = \frac{n\text{ 年内安全工程项目资金(万元)}}{\sum_{i=1}^{n}\text{第 } i \text{ 年产值(百万元)}} \tag{11-19}$$

（3）**相对人员的安全资源投入指标**

这类指标包括人均安全措施费、人均劳保用品费、人均职业病诊治费和人均安全教育费。例如：

$$\text{人均劳保用品费(元/人·年)} = \frac{n\text{ 年内劳保用品费}}{\sum_{i=1}^{n}\text{第 } i \text{ 年职工人数}} \tag{11-20}$$

11.3.4　安全经济效益统计指标体系

安全经济效益指标是一系列反映安全生产效益的指标，实现定性或定量的考核，从而反映安全经济的不同侧面和角度，具体指标体系如图 11-7 所示。

1. 安全效益宏观指标

1）安全劳动生产率是指安全生产过程中投入的活劳动消耗程度，反映一定时期内活劳动消耗在安全率中的作用。通常以安全产出量除以劳动总量得到。

2）安全投资合格率即安全投资符合国家有关标准和规范规定的比重。

3）安全投资效果系数即安全投资与安全产出效果增加值之间的比值。

4）危险源整改率即通过安全投入已经得到整改和已消除的危险源数量比重。

5）生产设备更新改造率即通过安全投入使原有设备得到改造达到安全生产要求的比例。

6）伤亡（损失）达标率即安全投入使生产安全事故伤亡（损失）水平符合有关规定的单位、行业或地区的比例。

7）工伤保险覆盖率即参加工伤保险的人数占从业人数的比例。

8）环境污染达标率即通过安全投入使环境污染水平符合有关规定的行业、地区的比例，反映出安全投资效果。

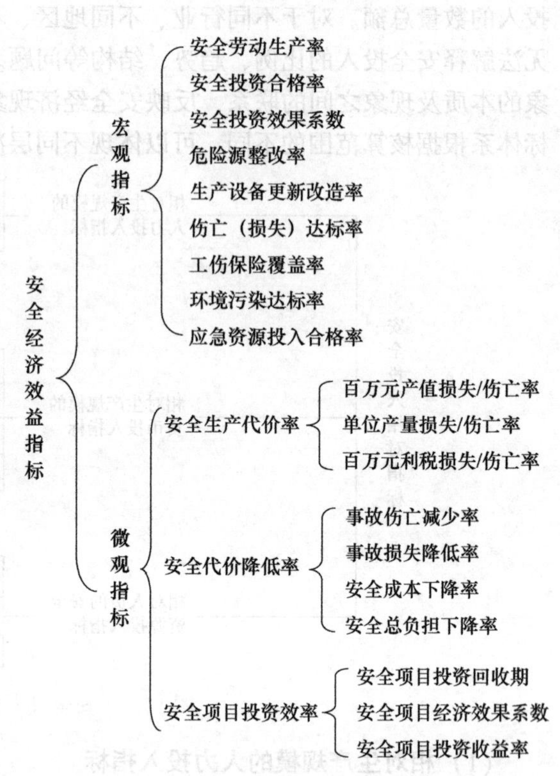

图 11-7 安全经济效益统计指标体系

9）应急资源投入合格率即应急资源设置符合要求的工程建设项目所占企业建设项目总量的比重。

2. 安全效益微观指标

（1）百万元产值事故指标

$$\text{百万元产值损失率(元/百万元)} = \frac{\text{总损失数}}{\text{总产值数}} \tag{11-21}$$

$$\text{百万元产值伤亡率(人/百万元)} = \frac{\text{总伤亡数}}{\text{总产值数}} \tag{11-22}$$

（2）单位产量事故指标

$$\text{单位产量损失率(万元/单位产量)} = \frac{\text{总损失数}}{\text{总产量}} \tag{11-23}$$

$$\text{单位产量伤亡率(人/单位产量)} = \frac{\text{总伤亡数}}{\text{总产量}} \tag{11-24}$$

（3）百万元利税事故指标

$$\text{百万元利税损失率(元/百万元)} = \frac{\text{总损失数}}{\text{总利税}} \tag{11-25}$$

$$\text{百万元利税伤亡率(人/百万元)} = \frac{\text{总伤亡数}}{\text{总利税}} \tag{11-26}$$

（4）事故伤亡减少率

$$事故伤亡减少率=\frac{后一时期事故伤亡量-前一时期事故伤亡量}{前一时期事故伤亡量}\times 100\% \quad (11\text{-}27)$$

（5）**事故损失降低率**

$$事故损失降低率=\frac{后一时期事故损失量-前一时期事故损失量}{前一时期事故损失量}\times 100\% \quad (11\text{-}28)$$

（6）**安全成本下降率**

$$安全成本下降率=\frac{后一时期安全成本量-前一时期安全成本量}{前一时期安全成本量}\times 100\% \quad (11\text{-}29)$$

（7）**安全总负担下降率**

$$安全总负担下降率=\frac{后一时期安全总负担-前一时期安全总负担}{前一时期安全总负担}\times 100\% \quad (11\text{-}30)$$

（8）**安全项目投资回收期**

$$安全项目投资回收期(年)=\frac{安全工程项目费用}{安全工程年有用效果} \quad (11\text{-}31)$$

（9）**安全项目经济效果系数**

$$安全项目经济效果系数=\sum_{i=1}^{t}\frac{项目第\,i\,年有用效果}{安全工程项目有效期} \quad (11\text{-}32)$$

（10）**安全项目投资收益率**

按照现有的评价指标体系，安全项目投资收益率指标有两种：安全项目投资利润率和安全项目投资利税率。

$$安全项目投资利润率=\frac{年平均利润总额}{投资总额}\times 100\% \quad (11\text{-}33)$$

$$安全项目投资利税率=\frac{年平均利税总额}{投资总额}\times 100\% \quad (11\text{-}34)$$

11.3.5 安全经济综合评价指标体系

安全经济综合评价指标体系是根据评价对象的本质特征、结构及其构成要素的客观描述，针对评估任务的要求，首先将综合评价体系的度量对象和度量目的划分成若干个不同的组成部分或者子系统，自上而下，并逐步细分（形成各级子系统及功能模块），直到每一部分可以用具体的统计描述。具体的构造过程如下：

第一步：对评价对象的内涵和外延做出合理解释，划分概念的侧面结构，确定评价总目标和子目标。

第二步：对每一个子目标进行细分，直到每一个子目标都可以用一个或几个明确的指标来反映。

第三步：设计每个子系统的指标，包括定量指标和定性指标。

从安全经济内涵来分析，安全经济综合评价指标体系涵盖了事故后果指标、安全保障指标、社会经济发展指标等；从指标体系结构上看，以安全状态指标为纲，结合安全生产保障体系和社会发展主要指标，建立安全经济综合指数，并针对每个子系统建立满足需求的指标体系。安全经济综合评价指标见表 11-4。

表 11-4　安全经济综合评价指标体系

目标层	项目层	因素层	指标层
安全经济综合评价	安全保障指标	安全投资合格率	安全投资总量、项目“三同时”比例、安技人员配备合格率
		安全投资指数	安全投资占更新改造费比例、国内生产总值安全投资指数、人均安全生产率
		安全投资强度	安全投资增长率、人均安全措施费、安技人员配备率
		安全项目投资效率	投资回收期、投资收益率
	事故后果指标	事故影响指标	事故起数、死亡人数、重伤人数、直接经济损失、工作日总损失
		事故严重度	10 万人死亡率、亿元 GDP 死亡率、百万元产值损失率
	社会经济发展指标	经济水平	人均 GDP、产业结构比例、全员劳动生产率、更新改造费
		社会发展水平	城镇人口比例、非农业就业人数占就业总人数比重、科技投入占 GDP 比重、专业技术人员比例

以上数据可以从相关部门获得，采用层次分析法、专家调查法测得权重，进一步利用指数总和法、功效系数法等方法测量安全经济水平，为相关部门的政策制定提供理论依据。

11.4 安全经济的回归分析

11.4.1 回归分析概述

客观现象总是存在一定程度上的相关关系和函数关系，回归分析是研究现象之间相关关系的基本方法，而相关分析与回归分析有着密切的联系，当变量之间存在高度相关时，进行回归分析寻求事物之间相关的具体形式才会有意义。

客观现象之间的相关关系按照不同的标志分为不同的形式，根据相关程度可以分为完全相关、不完全相关和不相关，根据相关的方向可以分为正相关和负相关，等等。因此，对于具有相关性的变量之间存在的因果关系，可以通过回归分析研究它们具体的依存关系。

变量之间的关系可以通过相关图（散点图）进行描述，通过直观工具的研究，对现象之间存在的相关关系的方向、形式和密切程度做大致的判断。再通过回归分析这一定量分析手段，加深对客观现象之间的相关性认识。通过回归分析，可以给出被解释变量的总体均值，即当解释变量取某个特定值时，与其统计相关的被解释变量所有可能的对应平均值。给定的解释变量 X_i 条件下被解释变量 Y_i 的期望轨迹称为总体回归曲线，可以采用下面的回归函数表示：

$$E(Y|X_i)=f(X_i) \tag{11-35}$$

通常根据相关性的分析，来选择适合的函数关系，如抛物线函数、双曲线函数、幂函数、指数函数、对数函数等。例如在分析安全投入与安全效益之间的关系时，可以根据变量之间的相关性选择对数函数模型的形式来描述。

回归分析模型分为线性模型和非线性模型两大类，非线性模型在参数估计时可以通过一定的数学方法转换为线性模型，从而简化参数估计量。线性模型又可以分为一元线性模型和多元线性模型。对于复杂的社会经济问题，某一现象很难用一个变量解释清楚，受到众多因素的影响，可以建立多元回归模型进行描述，一般形式如下：

$$Y=\beta_0+\beta_1X_{1i}+\beta_2X_{2i}+\cdots+\beta_kX_{ki}+\mu_i(i=1,2,\cdots,n) \tag{11-36}$$

建立回归方程后，则要对参数进行估计，估计方法有最小二乘法和最大似然估计法，通常可以利用计算机软件进行参数估计，如 SPSS、SAS 等。

11.4.2 安全生产的影响因素

一个国家或地区的安全生产状况与其经济、社会发展有着十分密切的关系。为了把握安全生产的形势和发展趋势，为制订相关规划和宏观决策提供依据，为安全监管工作提出有针对性的建议，开展安全生产与经济、社会发展耦合关系的研究具有十分重要的意义。

总的而言，安全生产水平受经济发展水平、产业结构、社会发展水平、安全科技投入水平、政府的安全监管、公众的安全意识和行为的影响。社会和经济因素的差异通过具体的经济条件表现出来，因此，安全生产本质上是受经济环境影响的，具体影响因素介绍如下。

1. 经济发展水平

经济的发展、生活水平的提高，增加了社会需求，促进了工业快速发展，而经济的增长除了要求资本、劳动力和技术的增长外，还必须以安全生产作为前提，安全经济的潜在效益是社会经济发展中的重要部分。经济发展水平指标包括 GDP（亿元）、人均 GDP（元）、工业增长速度（%）等。

2. 产业结构比重

产业结构是指生产要素在各产业各部门间的比例构成和它们之间的相互依存关系，而各产业类型不同、规模不同，发生事故的概率和严重程度也不同。目前，我国大部分地区产业结构处于“二、三、一”的结构，随着经济的发展，能源、重化工、建筑、交通等基础产业大力发展，为经济增长带来新的动力，但给安全生产带来了新的隐患。产业结构比重指标包括第二产业产值比重（%）、第三产业产值比重（%）、固定资产投资比重（%）等。

3. 社会发展水平

社会发展对人们生活的影响涉及经济、文化、教育、科技等方方面面，主要是人们的物质文明和精神文明的发展与进步。随之，人们的安全要求也越高，更关注道路交通、火灾、公共安全等方面的事故情况。社会发展水平指标包括城市人口占总人口的比重（%）、第一产业就业人数比重（%）、第二产业就业人数比重（%）等。

4. 安全科技水平

安全科技水平的提高表现为安全产业生产服务技术开发和应用研究能力的加强，新技术、新方法的应用。伴随着安全政策的逐步完善和发展，提高生产装备技术性能、改善生产工艺和作业环境，安全生产条件也逐步提高。安全科技水平指标包括每万人拥有科技人员数（人）、科研投入占 GDP 的比重（%）等。

5. 安全投入水平

安全生产必须有一定的人力、物力、财力作为保障，在硬件和软件上不断投入，改善安全生产条件和保障措施。安全投入分为预防性投入和控制性投入，主要包括三个方面：安全工程技术投资、安全人员活劳动的投入和安全科学研究投资。安全投入水平的指标主要可以用安全投资总量来表示。

6. 政府安全监管

政府监管主要通过法律法规和具体的监管手段实现，健全的政策体系和法律是体制和制度政策运行的保障，有利于加强安全管理。政府监管是国家行政部门根据相关法律、法规和标准，对生产工艺、装置设施和安全资金进行审查和管制，尤其是对高危行业，直接干预不安全生产行为。在2002年颁布《安全生产法》后，我国安全生产监管才有了法律依据。政府监管可以引入虚拟变量作为指标进行核算。

11.4.3 安全生产影响因素的回归分析

在各种影响因素的相互作用下，建立如下的多元函数式，描述社会经济因素对安全生产的影响：

$$Y_{it}=F(E_{it},I_{it},U_{it},T_{it},P_{it},D_{it}) \tag{11-37}$$

式中 Y_{it}——i地区t年安全生产水平；

E_{it}——i地区t年经济发展水平；

I_{it}——i地区t年的产业结构比重；

U_{it}——i地区t年社会发展水平（城市化水平）；

T_{it}——i地区t年安全科技水平；

P_{it}——i地区t年安全投入水平；

D_{it}——i地区政府安全生产政策性变量，包括安全监管等，此变量作为虚拟变量的形式引入。

为了反映各个影响因素作用力的变化，即影响因素对安全生产的影响弹性系数，建立如下的函数模型：

$$\ln Y_{it}=\beta_0+\beta_1 E_{it}+\beta_2 I_{it}+\beta_3 U_{it}+\beta_4 T_{it}+\beta_5 P_{it}+\beta_6 D_{it}+\mu_i \tag{11-38}$$

目前，世界各国采用的安全生产统计指标都不统一，最常用的几种统计指标如下：绝对死亡人数指标、10万人死亡率指标、100万工时死亡率指标和20万工时死亡率指标。我国安全生产主要统计指标包括各类事故起数、死亡人数、事故直接经济损失、工矿商贸10万人死亡率、亿元GDP死亡率等。在安全生产领域，亿元GDP死亡率可以综合反映宏观经济条件下的安全生产水平，因此，选择亿元GDP死亡率指标作为被解释变量。影响安全生产的主要经济社会指标见表11-5。

表11-5 影响安全生产的主要经济社会指标

指标	E_{it}	I_{it}	U_{it}	T_{it}	P_{it}	D_{it}
	人均GDP	第二产业比重	城市人口比重	科研投入总量	安全投入总量	安全监管虚拟量

其中，安全监管通过引入虚拟变量进行描述，根据安全生产政策实施的情况而定，例如，我国在2002年颁布《安全生产法》，用下式反映出政策措施对安全生产的影响：

$$D_{it}=\begin{cases}1 & \text{《安全生产法》颁布}\\ 0 & \text{《安全生产法》未颁布}\end{cases}$$

我国1996—2015年的经济社会指标数据见表11-6，共有20个样本。

表 11-6 我国 1996—2015 年的经济社会指标数据

年份	人均 GDP（元）	第二产业比重（%）	城市人口比重（%）	科研投入总量（亿元）	安全投入总量（亿元）	安全监管	亿元 GDP 死亡率 $\left(\frac{人}{亿元 GDP}\right)$
1996	5846	47. 5	30. 5	404. 5	2705. 56	0	1. 49
1997	6420	47. 5	31. 9	481. 5	3210. 21	0	1. 35
1998	6796	46. 2	33. 4	551. 1	3786. 90	0	1. 33
1999	7159	45. 8	34. 8	678. 9	4329. 35	0	1. 32
2000	7858	45. 9	36. 2	895. 7	4990. 66	0	1. 32
2001	8622	45. 2	37. 7	1042. 5	5768. 89	0	1. 36
2002	9398	44. 8	39. 1	1287. 6	6627. 99	1	1. 36
2003	10542	46. 0	40. 5	1539. 6	7702. 55	1	1. 17
2004	12336	46. 2	41. 7	1966. 3	8657. 93	1	0. 86
2005	14185	47. 4	43. 0	2450. 0	9786. 62	1	0. 70
2006	16500	47. 9	44. 3	3003. 1	11652. 13	1	0. 558
2007	20169	47. 3	45. 9	3710. 2	13873. 23	1	0. 413
2008	23708	47. 4	47. 0	4616. 0	16517. 73	1	0. 321
2009	25608	46. 2	48. 3	5802. 1	19666. 31	1	0. 248
2010	30015	46. 7	49. 9	7062. 6	23415. 07	1	0. 201
2011	35198	46. 6	51. 3	8687. 0	27878. 4	1	0. 173
2012	38459	45. 3	52. 6	10298. 4	33192. 54	1	0. 142
2013	41908	43. 9	53. 7	11846. 6	39519. 64	1	0. 124
2014	46629	42. 7	54. 8	13015. 6	47052. 80	1	0. 107
2015	49992	40. 9	56. 1	14169. 9	56021. 93	1	0. 098

数据来源说明：人均 GDP（元）、第二产业比重（%）、城市人口比重（%）、科研投入总量（亿元）、亿元 GDP 死亡率等指标数据，通过查阅历年的《中国统计年鉴》和《中国安全生产年鉴》获得，而安全投入总量（亿元）指标数据部分来自于罗云编著的《安全经济学》。

采用最小二乘法进行参数估计，利用 Excel 软件对数据进行处理，得到亿元 GDP 死亡率关系模型，见表 11-7。

表 11-7 亿元 GDP 死亡率关系模型估计

常数和解释变量	参数估计	T 统计量
C	7. 64114	1. 08447
$\ln(E_{it})$	-1. 65853	-2. 70704
$\ln(I_{it})$	-1. 27436	-0. 75062
$\ln(U_{it})$	5. 42587	3. 14978
$\ln(T_{it})$	-0. 19230	0. 46449
$\ln(P_{it})$	-0. 67967	-0. 90352
D_{it}	0. 130375	2. 00861
F 统计量：982. 2554	相关系数 R^2 = 0. 996783	

经过整理，可以得到如下的函数模型：

$$\ln Y_{it} = 7.64114 - 1.65853E_{it} - 1.27436I_{it} + 5.42587U_{it} - 0.19230T_{it} - 0.67967P_{it} + 0.130375D_{it} \tag{11-39}$$

在显著性水平为0.05的水平下，第二产业比重、科研投入总量和安全投入总量不显著，其他变量都通过F检验和T检验，并且，拟合程度R^2非常高，方程的显著性较好。

从模型中可以看出，人均GDP、第二产业比重、科研投入总量和安全投入总量参数估计都为负数，这说明伴随经济的发展和产业结构的优化，科研投入和安全投入的增加，安全生产事故将会得到不断改善，安全生产的亿元GDP死亡率指标有着下降趋势。同时，要深刻地认识到，第二产业比重、科研投入总量和安全投入总量还没有达到安全生产的标准和形势需求，急需调整、巩固和加强，实现安全生产的稳健发展。

延伸阅读

安全经济统计的研究方法、分析方法及应用

随着统计科学的不断发展和完善，统计方法趋于多样性和科学性。

1. 安全经济统计的典型研究方法

安全经济统计对象的性质决定了安全统计的研究方法，主要有大量观察法、统计分组法、综合分析法、统计推断法和动态测定法等，见表11-8。

表11-8　安全统计学的典型研究方法及其特点

研究方法	内　涵	特　征	优　点	缺　点
大量观察法	通过对大量同类客观现象的观察和研究，认识客观现象的本质特征和发展变化规律	大量性、变异性	样本数量足够多，接近整体情况	数据多时需耗费大量人力、物力；数据少则结论不具有代表性
统计分组法	根据实物内在的特点和统计研究的任务，按一定的统计标志把总体划分为不同类型、性质的组或类	相似性、差异性	保持组内的同质性和组间的差异性 可从不同的角度分析和研究问题	分组不同，结果存在差异；易忽略组与组间相邻两个数的关联性
综合分析法	用各种综合指标的计算和对比，对被研究的安全总体进行从个别到一般、从个性到共性的综合分析	整体性	能对现象间的互相联系进行综合分析，可描述总体的数量特征和变动趋势	易忽略个别特殊的数据，不易观察现象的偶然性
统计推断法	根据部分总体单位组成的样本数量特征推断整体	归纳性、推断性、可控性	可以利用一种样本资料，应用到安全统计研究的多个领域	建立在数据的基础上，错误的数据易导致错误的推断结论
动态测定法	将安全系统数据与时间概念相联系，进行动态的分析研究，说明现象在不同时间上的变化差异，以及变化方向和变化幅度	动态性、变异性	既可反映数据的时间顺序变化情况，也可反映单位数据内各个时间标志值的变化情况	指标范围、内容及各时期的时期数列长短对结果影响较大

此外，还包括方差分析、非参数检验等特有的统计方法。运用各种统计方法时，要根据具体情况选择合理的方法，而且在大多数研究过程中都需要多种方法结合才能得出正确的结论。

2. 安全经济统计的典型分析方法

在安全经济数据统计资料的基础上，运用相关的统计分析方法分析数据间的关联性，预测安全经济问题的发展趋势。典型分析方法见表 11-9。

表 11-9　安全经济统计学的典型分析方法

分析方法	定　义	对象或类别	用　途
空间自相关方法	研究空间中某空间单元与其周围空间单元，就某种特征值，进行空间自相关性程度的计算，以分析这些空间单元在空间上分布现象的特征	两个或多个属性变量间的相互关系及关联程度；同一属性值在不同空间位置上的相关关系及关联程度	运用于安全统计，可得出某安全问题在某领域中的扩散效应，进而统计出该安全问题发生的概率、普遍程度及易发生的环境，以便进行防治与控制
灰色统计法	一种“白数”的灰化处理	以“小样本”“贫信息”“不确定性”为研究对象	鉴别系统因素之间发展趋势的相似或相异程度，并通过对原始数据的生成处理，建立相应的微分方程模型，寻求系统变动的规律，探讨事物的发展趋势和状况
聚类分析方法	研究分类问题的一种多元统计分析方法	层次聚类法和非层次聚类法 指标聚类（R 型）和样品聚类（Q 型）	用于统计数据或样品的分类；用来寻找某场所或领域可能发生的安全问题分类，进行事故分析并定量阐述各类问题间的关联性
隐类分析	基本思想是用电脑取代人脑进行数据分析、构造隐结构	确定安全问题与现象间的关系，用数学方法验证，用于无法直接观察的隐变量分析	应用于安全问题分类，判断安全问题的诊断标准

此外，还包括时间序列分析法、Logistic 回归分析等分析方法。根据具体情况选择分析方法，若有需要，可同时运用多种分析方法。

3. 安全经济统计的典型实践应用

1）行业安全统计学的实践研究例子。使用聚类分析方法确定行业事故风险等级，可提高突发事件应对能力；统计不同行业安全问题，分析同行业的人-机-环境之间的关系与影响因素的变化；统计不同年限的行业安全问题，研究行业安全发展趋势。

2）事故统计学的实践研究例子。早在 1948 年召开的国际劳工组织会议就将伤亡事故频率和伤害严重率作为事故统计指标。规定由千人死亡率、千人重伤率和伤害频率来计算伤亡事故频率，由伤害严重率、伤害平均率和由产品产量确定的死亡率来计算事故严重率。

3）自然灾害统计学的实践研究例子。自然灾害统计学主要分三个阶段。第一阶段是研究灾害的自然属性，统计自然灾变事件、灾变强度、频次，研究灾变的空间分布与发展规律，进行灾变时、空、强的预测研究；第二阶段在第一阶段研究基础上，加强灾害对社会影响的研究，如人口伤亡、经济损失等；第三阶段是研究社会承灾体受灾程度和承灾能力。

4）职业健康统计学的实践研究。职业健康统计学具有战略统计、科学统计和灵活统计的原则。由于我国职业健康起步较晚，在统计应用上仍存在大量问题，如缺乏及时性、准确性、全面性和规范性，需借鉴芬兰、瑞典等国家的职业健康统计的经验，完善国内职业健康统计体系。

5）安全社会统计学实例。安全社会统计学包括安全社会统计、安全法统计、安全管理统计和安全教育统计。其中，安全法统计侧重于统计司法过程中涉及生产安全、人身安全、财产安全的法律纠纷事件，安全管理统计侧重于统计生产中安全管理的措施，安全教育统计侧重于统计安全教育内容与学员掌握安全常识的情况。

本章小结

安全经济统计是认识安全状况（安全性、事故损失水平、安全效益等）及安全系统条件（安全成本、安全投资、安全劳动等），为设计和调整安全系统、指导和控制安全活动提供依据的重要技术环节。

安全经济统计具有大量性、同质性和变异性的特点。安全经济统计的对象是安全经济现象的数量方面，说明安全经济现象的规模、水平、速度、效益和比例等问题，以反映安全规律在一定的时间、地点和条件约束下体现的具体作用。

安全经济统计基本流程包括安全经济统计任务的确定、安全经济统计的设计、安全经济统计数据资料的收集、安全经济统计资料的整理、安全经济统计资料的分析和安全经济统计资料的预测步骤。调查方案包括确定调查目的、确定调查对象和调查单位、确定调查项目与调查表、确定调查时间和调查期限、制订调查的实施计划。通常采用的统计调查方式有统计报表制度、普查、重点调查、典型调查和抽样调查等。

安全经济统计指标通常分为绝对指标和相对指标，对事故统计指标体系、安全投入统计指标体系、安全经济效益统计指标体系和安全经济综合评估指标体系进行全方位的指标体系的构建和评估。通过20年的安全生产和社会经济发展的相互影响，展开多元线性模型的模拟，并进行了回归分析和模型解释。

思考与练习

1. 什么是安全经济统计？具有什么特点？统计分析对象是什么？

2. 安全经济统计的基本流程包括哪些步骤？如何实施？

3. 安全统计数据收集的方法有哪些？结合企业的现实情况展开陈述。

4. 什么是事故趋势图？什么是控制图？在进行事故统计分析时，各有什么优势？

5. 事故统计指标体系如何构建？试从高危行业安全经济统计的角度出发进行阐述。

6. 利用社会经济因素对安全生产影响的多元函数 $Y_{it}=F(E_{it},I_{it},U_{it},T_{it},P_{it},D_{it})$，通过采集2008—2017年的统计宏观数据，试分析并尝试解释各个社会要素对安全生产的影响及作用。

7. 试结合现实社会问题，阐述我国安全经济统计工作存在的问题和解决建议。

参考文献

[1] 程启智．人的生命价值理论比较研究［J］．中南财经政法大学学报，2005（6）：39-44.
[2] 冯健，罗仲伟．企业安全生产投入的经济分析［J］．企业经济，2006（8）：8-12.
[3] 傅家骥．工业技术经济学［M］．北京：清华大学出版社，1996.
[4] 林柏泉．安全学原理［M］．2 版．北京：煤炭工业出版社，2013.
[5] 何佩，栗牧怀，谢孜楠．国内航空运输飞行事故经济损失计算方法——间接经济损失篇［J］．中国民用航空，2006，62（2）：21-23.
[6] 何学秋．安全工程学［M］．徐州：中国矿业大学出版社，2000.
[7] 姜洋，陈宝智．安全经济问题多属性的研究［J］．中国安全科学学报，1997，7（2）：37-41.
[8] 靳乐山．环境质量价值若干评估技术研究［D］．北京：中国农业大学，1997.
[9] 李红霞，田水承．企业安全经济分析与决策［M］．北京：化学工业出版社，2006.
[10] 李明，吴超．关于安全价值工程理论的思考［J］．中国安全生产科学技术，2006，2（4）：70-73.
[11] 李旭彤，夏益华．我国部分保健与安全活动经济代价的初步评价［J］．中国安全科学学报，1999，9（2）：11-20.
[12] 梁美健，李冬梅．试论煤矿安全成本的界定与组成［J］．中国煤炭，2006，32（6）：64-66.
[13] 廖亚立．生命价值的动态评估方法与实证研究［D］．北京：中国地质大学，2008.
[14] 刘伟，王丹．安全经济学［M］．徐州：中国矿业大学出版社，2008.
[15] 刘祖德，王帅旗，蒋畅和．我国安全生产与经济发展关系的研究［J］．安全与环境工程，2013，20（5）：103-117.
[16] 陆玉梅，梅强．中小企业安全投资状况的调查与分析［J］．中国安全科学学报，2006，16（3）：40-44.
[17] HAMMITT K，ZHOU Y. Economic value of air pollution related health risks in China：a contingent valuation study［J］．Environmental & Resource Economics，2006（33）：399-423.
[18] 罗云．安全经济学［M］．2 版．北京：化学工业出版社，2010.
[19] 罗云．安全经济学［M］．北京：中国质检出版社，2013.
[20] 罗云．工业安全经济学讲座［J］．工业安全与防尘，1994（2）：38-42.
[21] 梅强．安全投资方向决策的研究［J］．中国安全科学学报，1999，9（5）：42-47.
[22] 梅强．事故损失预估方法的探讨［J］．中国安全科学学报，2001，11（3）：17-20.
[23] 梅强，陆玉梅，韩利．中小企业工伤事故区域性特征的实证分析及对策研究［J］．中国安全科学学报，2006，16（8）：37-42.
[24] 梅强，陆玉梅．基于条件价值法的生命价值评估［J］．管理世界，2008（6）：174-175.
[25] 梅强，陆玉梅．事故经济损失估算模型的研究［J］．技术经济，1997（10）：54-56.
[26] 齐锡晶．施工承包企业安全成本及其核算的研究［J］．安全与环境学报，2005，5（4）：114-116.

[27] 强茂山，方东平，肖红萍，等．建设工程项目的安全投入与绩效研究［J］．土木工程学报，2004，37（11）：101-107.
[28] 石磊．人命几何——政策分析中如何确定生命的市场价值［J］．青年研究，2004（4）：1-5.
[29] 宋大成．企业安全经济学［M］．北京：气象出版社，2000.
[30] 田水承，李红霞，胡玉宏．从安全科学看煤矿事故频发原因及防治［J］．西安科技学院学报，2003，23（2）：135-138.
[31] 田水承．安全经济学［M］．徐州：中国矿业大学出版社，2014.
[32] 田水承．现代安全经济理论与实务［M］．徐州：中国矿业大学出版社，2004.
[33] 屠文娟，张超，汤培荣．基于生命经济价值理论的企业安全投资技术经济分析［J］．中国安全科学学报，2003，13（10）：26-30.
[34] 万木生，陈国华，张晖．安全经济统计学［M］．广州：华南理工大学出版社，2008.
[35] 王国平．职业安全投资的经济效益计量及其评价［D］．上海：同济大学，1988.
[36] 王辉．煤炭企业安全成本核算与管理［J］．煤炭经济研究，2013，33（7）：72-75.
[37] 王亮，钱升．试论安全投资价值中的人命经济价值［J］．劳动保护科学技术，1991（6）：17-19.
[38] 王亮．人生命的经济价值思想述评［J］．经济学动态，2003（4）：27-30.
[39] 王亮．生命的经济价值评估［D］．天津：南开大学，2004.
[40] 王亮．生命价值的实证研究［J］．中国安全科学学报，2004，14（5）：24-27.
[41] 王玉怀．煤矿事故中生命价值经济评价探讨［J］．中国安全科学学报，2004，14（8）：28-30.
[42] 温晓龙，崔巍，温晓燕．安全价值工程与安全绩效联立关系研究［J］．中国煤炭，2006（1）：63-65.
[43] 吴超，王婷．安全统计学的创建及其研究［J］．中国安全科学学报，2012（7）：3-11.
[44] 徐晖，胡忠斌．事故经济损失分析［J］．中国安全生产科学技术，2005，1（5）：68-71.
[45] ALBERINI A. What is a life worth? Robustness of VSL value from contingent valuation surveys［J］. Risk Analysis，2005，25（4）：783-800.
[46] 杨竹节．论企业价值系统与价值链［J］．价值工程，2001（4）：24-25.
[47] 姚庆国，黄渝祥．企业安全行为及其经济分析［J］．煤炭经济研究，2005（7）：66-69.
[48] 曾宪林．煤矿价值工程及案例分析［M］．北京：煤炭工业出版社，2001.
[49] 张凤林．人力资本理论及其应用发展［M］．北京：商务印书馆，2006.
[50] 张寅．煤炭企业安全成本核算与优化控制［J］．中国煤炭工业，2010（1）：40-41.
[51] 郑风田，崔海兴．安全监管的经济学分析［M］．武汉：华中科技大学出版社，2011.
[52] 中国企业管理协会价值工程研究会．价值工程［M］．北京：机械工业出版社，1992.
[53] 邹银辉，康建宁．提高煤矿安全经济效益的对策探讨［J］．矿业安全与环保，2004，31（6）：50-52.
[54] 左治兴，孙学森．安全价值分析［J］．西部探矿工程，2006（6）：305-306.
[55] 薛立敏，王素弯．台湾地区就业人口生命价值之评估：工资-风险贴水法之理论与实证［M］．台北：台湾中华经济研究院，1987.
[56] Carson R T. Valuation of tropical rainforests：philosophical and practical issues in the use of contingent valuation［J］. Ecological Economics，1998，24（1）：15-29.
[57] Gerking S，Haan M，Schulze W. The marginal value of job safety：A contingent valuation study［J］. Journal of Risk and Uncertainty，1988，1（2）：185-199.
[58] Kim S W，Fishback P V. Impact of institutional change on compensating wage differentials for accident risk：South Korea，1984－1990［J］. Journal of Risk and Uncertainty，1999，18（3）：231-248.
[59] Lanoie P，Pedro C，LaTour R. The value of a statistical life：a comparison of two approaches［J］. Journal of Risk and Uncertainty，1995，10（3）：235-257.

[60] Marin A, Psacharopoulos G . The Reward for Risk in the Labor Market: Evidence from the United Kingdom and a Reconciliation with Other Studies [J]. Journal of Political Economy, 1982, 90 (4): 827-853.

[61] Mitchell R C, Carson R T. Using surveys to value public goods: the contingent valuation method [M]. Washington D. C. : Resources for the Future, 1989.

[62] Schelling T C. Life you save may be your own [M]//CHASE S B. Problem in Public Expenditure Analysis. Washington D. C. : Brookings Institution, 1968: 127-162.

[63] Thaler R, Rosen S. The value of saving a life: evidence from the labor market [M]//TERleckyj N E. Household Production and Consumption. Cambridge, MA: Nber, 1976: 265-298.

[64] Vassanadumrongdee S, Matsuoka S. Risk perceptions and value of a statistical life for air pollution and traffic accidents: evidence from Bangkok, Thailand [J]. Journal of Risk and Uncertainty, 2005, 30 (3): 261-287.

[65] Viscusi W K, Aldy J E. The Value of a Statistical Life: A Critical Review of Market Estimates Throughout the World [J]. Journal of Risk & Uncertainty, 2003, 27 (1): 5-76.